美股
CRYPTOS
通勝

BTC/USD +10.48% · 3680.40 **38783.99**	LTC/USD +6.23% · 6.12 **104.34**	ETH/USD +9.16% · 220.00 **2621.30**	XRP/USD +6.86% · 0.0447 **0.6960**	BCH/USD +9.53% · 25.96 **298.25**
BTC/EUR +10.64% · 3320.10 **34538.57**	LTC/EUR +6.29% · 5.49 **92.77**	ETH/EUR +9.45% · 202.03 **2341.01**	XRP/EUR +6.77% · 0.0392 **0.6185**	BCH/EUR +10.29% · 24.92 **267.31**
EUR/USD +0.26% · 0.0030 **1.1221**	LTC/BTC -4.04% · 0.0001 **0.0027**	ETH/BTC -1.08% · 0.0007 **0.0677**	XRP/BTC -3.45% · 0.0000006 **0.0000179**	BCH/BTC -0.23% · 0.0000. **0.0077**

王小琛

作者簡介

筆名王小琛。畢業於香港浸會大學人文學系，著有 <ELON MUSK 噴射追捧 加密投資中虛的誘惑>、<職場跨界法>、<虛幣實戰>(與劉承彥) 合著。曾在蘋果日報擔任財經記者、頭條日報等報章擔任港聞記者。熱衷八字研究。

作者在 2018 年期間，曾擔任過過億加密貨幣大戶的助手。

Patreon：chriswong0630

- Elon Musk 的 Tesla 相信是不少港人的愛股，可惜這隻港人愛股卻要在 2022 年和 2023 年跌破眼鏡？
- 港股表現不佳，美股卻連續幾年稱冠，初學者如何入手？
- 誰是下隻美股股王？ Tesla 仍可以稱王嗎？ Nvidia 會乘勢追擊嗎？
- 2022 年和 2023 年占星財經預測，避到災才可以做股神？

序 1

李應聰

　　美國在 1776 年 7 月 4 日獨立，其八字排出為丙申年，甲午月，己丑日。此八字生於甲午月木火勢旺，必以金水為喜用，今年 2022 壬寅年，跟年柱丙申天尅地沖，正正沖傷了水的長生申金，乃美國的忌神年也。年柱主國家管理班底，也可以代表美國的整體氣運，而金水可以代表經濟金融，由此可見，2022 年美國必有大震盪，而美股的牛市相信在 2022 年到達終點，到了 2023 癸卯年，水死於卯地，2023 年美股仍然未能看好，因此，相信美股即將迎來一次較深的調整期。

　　王小琛對虛擬貨幣素有認識，研究美股也已有一段時間，相信王小琛對美股的未來走勢必定有獨立的個人見解。近幾年港股的吸引力已經大不如前，如果讀者們對美股投資也有興趣，不妨細心閱讀此書，或可以對美股未來幾年走勢有一初步概念，或者可以早著先機！

謹祝此書一紙風行！

李應聰 師傅（知名風水命理玄學家）

寫序於壬寅年孟春

序 2

黃康禧

在 2020 年的冬至那刻起，全球已經進入天運的九運，而地運的九運則在 2024 年開始；不論是天運還是地運，我們都是身處甲午旬最後的兩年，甲午在奇門寄於辛干，喻意肺、喉嚨、罪人、革命及首飾等，因此在 2019 年年底木星進入山羊丑宮時，庚子年之氣便開始，同時引發返吟而令辛金受傷。在 2024 年一個新的甲辰旬開始，意味著所有事情都會有一個新景象，而甲辰在奇門寄於壬干，喻意腎、運輸、流動性、盜賊及水等，因此在 2024 年開始那十年全球都會受影響，而甲辰年之氣將會在 2023 年的 5 月開始，因為在於月份木星將會進入金牛酉宮，所以在 2023 年 5 月世界將會有一次改變。

在此先祝賀王小琛再次出書，在下雖與她認識時間不長，但十分投緣，並且知道她對虛擬貨幣投資有非常豐富的眼光及見解，而且在玄學上亦有一些認知，因此

我們都經常交流心得，並互相學習；更有幸受邀為此書淺筆己見，對於一個只懂玄學而在投資市場無知的我，帶及我很多得益；因此我極度推薦她給各位投資初手。

再一次預祝銷量大增。

黃康禧玄學風水師

（美國洛杉磯黃康禧中西術數玄學家）

壬寅年壬寅月字

自序：為何突然研究美股？

讀者一定很想知道，小琛，你不是說過只炒幣的嗎？為何突然研究美股？

雖然投資上，我只炒幣，但因為 MPF 沒有 Cryptos 選擇，但 2021 年，筆者經歷過由賺轉跌，所以還是研究下美股了。

2021 年的港股散戶投資者，相信你們也是一殼眼淚了。

港股跑輸全世界

根據 2021 年 12 月底的明報報道：「過去一年美股仍然標青，但港股卻是全球最差，強積金（MPF）市場亦不例外，據晨星亞洲的資料顯示，截至今年 12 月 17 日，港股基金在今年累計跌 14.79%，是表現最差的強積金基金類別。美股基金表現最佳，今年累升 21.7%。不單是今年，港股基金已連續 4 年跑輸美股基金。而且環球央行量寬以來，中港股市長期跑輸外圍，MPF 港股基金近 10 年的年化回報為 5.41%，不僅跑輸期內美股基金的 13.56%，亦較整體 MPF 平均 5.58% 略低。」

因此，筆者得而復失的感覺也好不到哪裡去。

2021 年初，筆者的 MPF 本來也選擇了美股，因看好

2021 年美股的表現。去到年中時，當時的 MPF 也已經有 20% 左右的進帳。同時期，見到恒指有 24,000 點左右，心想：「嘩，很便宜呀，可以撈底了。」(真的師奶心態，讓我明白，投資也不能貪便宜的。)

誰不知，這個錯誤的決定，把我今年 MPF 的盈利化為烏有。不少港股，包括一眾蟹民看好的科技股，下半年跌跌不休，根本沒有停過。我對港股已毫無眷戀了。

而另一邊廂，美股的 Tesla 仍然不斷創新高，證明真的有得諗，而根據 Elon Musk 的八字，流月的升勢跌幅也解得通，於是索性放棄港股，轉移研究美股了。

無巧不成話，2021 年 10 月，Facebook 創辦人兼 CEO Mark Zuckerberg 也將 Facebook 轉名成為 Metaverse Platform，宣佈要進軍元宇宙世界，而他剛好也將會走進財運年歲。

另一方面，Nvidia 的 Jensen Huang，一早已經部署好 Metaverse 元宇宙的硬件及軟件，可以說隨時就緒上戰場。而他偏偏之後 2 年都是走財運。

一切都有跡可循。因此，研究美股變得更為有趣。

當然，世界是不公平，誰掌握世界金融話事權，即量化寬鬆的特權，可以不斷印銀紙 (美元) 之時，那個市場便亮麗。所以，即使現在才研究美股，希望也不要太遲，總比沒

有炒過美股好。

　　除此之外，筆者一直用玄學測幣市，亦有幸手上有十多名會員跟從。也可以總結這年來的心得。

　　投資方面以外，筆者在 2021 年也有不少新嘗試，例如做 Youtuber 及寫 Patreon，雖然在這兩方面暫時未有甚麼傑出的成就，但就在網上看見有不少成功的例子，例如有油漆佬，只是在 youtube 上教人油油，但生意便可應接不暇，真的感覺行業轉變，一日萬里。

　　所以，各位讀者們，如果你不改變自己，就不要呻環境的轉變。

　　　　　　　　　　　　　　　　　　寫於辛丑年辛丑月

1. 2022 和 2023 年投資預測和部署：Cash is King

　　2022 年的投資部署，是 Cash is King。因為 2022 年大部份市場至少要下跌 3~4 次。隨著美國已經放風在 2022 年會加息 3 次，2022 年就不會有好日子過。

　　另一方面，世界首富 (TESLA CEO 和幣市大戶)Elon Musk 的八字，2022 和 2023 年都行破財。因此還是「持 Cash 保泰」，以下相信是美股及 Cryptos 大跌的時間表：

　　4 月：4 月 7 ～ 18 日，都是大跌月

　　5 月：開始回暖

　　下半年 8、9 月有多個股災。

　　你可能問：我是根據甚麼來分析的呢？

2022 年是壬寅年。即是木根出現的流年。至少
Tesla CEO(TSLA) 和 Bitcoin 大戶之一的 Elon Musk，和
Microsoft CEO(MSFT) Satya Nadella 都會出現大大的破財。
因為 Elon 是甲木，Satya 是乙木，而我參考過他們的股價及
流年流月，大概都吻合。

另一方面，Meta Platform 的 CEO Mark Zuckerberg 的
財運來說，4 月上半月還是有受壓。

此外，Elon Musk 和 Satya Nadella 在 2021 年年底，
兩位美股巨擘已雙雙售股，套現現金， Elon 在年底售出了
10% 的持股，Satya 更賣了自己 50% 的股份，是歷來最大
的售股計劃。他可能只是眾多富豪其中一個而已。相信陸續
有不少美股掌舵人紛紛售股。

關於 Tesla 的部份，之後有篇章再有詳盡解釋。

美國是時候「收水」加息，市場熱錢消失

由於坊間討論加息問題一直沸沸騰騰，美國自新冠疫
情問題以來，一直放水不止，如美國總統拜登在疫情後，在
2021 年便簽署過 1.9 萬億美元的巨額經濟救助計劃，導致
市場熱錢氾濫，可能是時候需要收水了。

美聯儲當局，亦已密鑼緊鼓地計劃一連串的「收回熱錢
行動」。主席傑羅姆·鮑威爾（Jerome Powell）在 2021 年

12 月 14 日至 15 日的會議後表示，央行正在加快縮減超低利率的刺激政策。

決策官員預期，2022 年將會加息 3 次，每次加幅為 0.25 厘，2023 年進一步加息 3 次，2024 再上調利率兩次；並稱美聯儲可能提前加息速度，「縮表」速度可以超過此前一輪縮表周期，(縮減資產負債表或稱「縮表」，是一種比加息更為激進的貨幣緊縮手段。聯儲局會透過向市場出售其持有的資產 (債券)，或在持有債券到期後不再續期，以此來減少貨幣基礎，達到「收水」目的。)

最後要分享一位朋友發給我的一個靠炒幣致富的人的經驗之談，將 U 轉做 cash 便可。所謂 U，即是幣市裡的穩定幣 USDT，類似是美元 USD。

「挖礦換 U」，定存存 U，看圖表技術型回彈時抄底，買低賣高收 U。私募發出先收回 U。幣歸零身上都還有 U。U 才能讓你翻身，才能買房做包租婆。收一堆幣可以讓你致富，但 U 可以給你一頓飽飯不需要賤賣大餅以太。我的戶頭算得從來不是我的幣的價值，是我的 U 增加或減少。我真心學到想分享的，希望對你們有一點幫助。希望兄弟們都發大財。」能避開股災幣災的，你才可以做股神。

2. 2022 年 Tesla 股價預測 :TSLA 股價堪憂

　　有 Patreon 讀者跟筆者說，是 Tesla 讓他找到人生第一桶金。相信 TSLA 是香港人「愛 (美) 股」，無人異議。那麼這隻港人愛股在 2022 年的表現將會如何？

　　2021 年，美國商業雜誌《福布斯》宣佈 Elon Musk 的財富達到 2700 億美元，成為該雜誌統計史上最富有的人，也是 2021 年的全球首富。這位 SpaceX 創始人、首席執行官、首席工程師，Tesla 首席執行官、產品設計師多重身份的首富，其命運跟不少股民息息相關。

　　不過，我相信 Elon Musk 在 2022 年的全球首富位置可能不保，而 TSLA 股價也不濟。

不過筆者強調，由於 TSLA 反彈力度強，每次大跌都是入市良機。

2022 年是壬寅年。寅木是甲木的根，Elon Musk 原局本身有甲木在月柱，加上寅木的強根，變了甲木木氣旺盛，由於甲木克己土財，加上丑寅合，因此相信 TSLA 股價堪憂。

根據李應聰師傅取時丁卯時所見：

自然之道－八字論命					
四柱	時柱	日柱	月柱	年柱	大運	流年
歲數	49-64	33-48	17-32	1-16	1-8	
主星	傷官	元男	比肩	正官		
天干	丁	甲	甲	辛	－	
地支	卯	申	午	亥	－	
藏干	乙 劫財	庚 七殺 壬 偏印 戊 偏財	丁 傷官 己 正財	壬 偏印 甲 比肩		
納音	爐中火	泉中水	沙中金	釵釧金		

大運	2059	2049	2039	2029	2019	2009	1999	1989	1979	1971	
	89	79	69	59	49	39	29	19	9	1	然道
	乙酉	丙戌	丁亥	戊子	己丑	庚寅	辛卯	壬辰	癸巳	－	

　　截自李應聰師傅之前所說：「此八字其實暗藏玄機：月柱甲午，日柱甲申，夾拱一［未］字，而年支時支［亥卯］邀［未］，此一［未］字，局雖不現，而地支虛神籠罩。此［未］字，正是甲木日元的財庫也！

　　傷官＋財星（月令午中己土），稱為［傷官生財］，乃由專業而創業之命格。

　　從他的人生可知，他有改革影響人類之決心，故對科技，再生能源等等十分著迷。科技能源等等五行屬火，改革發明是傷官，月令午中丁火透出傷官成格，正正反映命主性格及職業能力。

　　甲木通根亥卯，羊刃在時，日主甚為有力，甲木性情以庚金為配合，佐以丁火煉庚，日主力強足以用殺，故**用神取格為［財滋弱殺格］**，財滋弱殺乃企業家之命格也！八字局中組合成甲庚丁十干性情大格局，日主身強而又有財庫（虛神），因此才能成為世界首富。」

　　2021 年，Elon Musk 處於用神己丑 (正財) 大運，加上辛丑 2021 年 (丑土財年)，讓他一躍成為全球首富，而 TSLA 股價亦一度創了新高，由年初的 600 多美元，年中後更升最高 1243 美元。不過，Elon Musk 離開了財源滾滾的辛丑年後，接著便進入壬寅 2022 年，恐怕是連接破財的一年。

事實上，Elon Musk 已經在 2021 年 12 月早有預示，表示如果（翌年 2022 年）全球經濟衰退導致資金緊拙，當 SpaceX 在 Starlink 和 Starship 項目上損失了數十億美元，破產雖然仍然不太可能，但並非不可能。

「If a severe global recession were to dry up capital availability / liquidity while SpaceX was losing billions on Starlink & Starship, then bankruptcy, while still unlikely, is not impossible. GM & Chrysler went BK last recession. "Only the paranoid survive." – Grove」

另一方面，他又在 2021 年 11 月底在 Space X 的公司 Memo 埋下了 SpaceX 財政危機的引子：「CEO Elon Musk reportedly said in a company memo that its Raptor program was in "crisis" and suggested it posed a major threat to the space venture. ... "We face genuine risk of bankruptcy if we cannot achieve a Starship flight rate of at least once every two weeks next year," Musk said, according to CNBC's report.」

「如果明年我們不能達到至少每兩週一次的星際飛船飛行速度，我們將面臨真正的破產風險。」

因此，即使 Elon Musk 處於全正財的己丑大運也沒有用，因為甲木和寅木都會克上己丑財運。

事實上，2021 年 11 月時，Elon Musk 已經出售 10% TSLA 持股。他 2021 年 12 月在社交平台稱，今年 (2021 年) 將要支付逾 110 億美元（約 858 億港元）稅項。

他在 11 月初，先出售約值 69 億美元 (538.2 億港元) 的持股，月中再度出售 9.3 億美元 (72.54 億港元) 的股票。

根據《CNBC》報導，Elon Musk 持有的 2300 萬股選擇權將於 2022 年 8 月到期，Elon Musk 在 2021 年 11 月 8 日行使了 25 億美元 (195 億港元) 的股票，並出售其中 11 億美元的已行使期選擇權以繳納稅款，他也在提交給美國證券交易委員會的一份文件中表示，「出售普通股只是為了履行報告人與行使股票選擇權相關的扣稅義務。」

Elon Musk 在同月 11 月 15 日再出售 9.3 億美元 (72.54 億港元) 的股票，以支付他行使的 210 萬股選擇權的稅款，這使他的選擇權行使總額約 46 億美元 (358.8 億港元)，為履行預扣稅義務而出售的股票達到 20 億美元 (156 億港元)。

另一方面，據《彭博》報導，Tesla 向美國證交會（SEC）披露，Elon Musk 在 2021 年 11 月向慈善機構捐出超過 500 萬股 Tesla 股票。

根據文件顯示，Elon 在去年 11 月 19 日至 29 日期間，捐出 Tesla504.4 萬股股票，根據當日出售價值，這些股份價值約 57 億美元（約 450 億港元）。不過，文件並沒有提

到該慈善機構的名稱，以及接受股份者的身份。

2022年下半年很可能有白武士相救

　　不過，另一方面，2022年為王寅年。王水為甲木偏印，相信屆時會有白武士出來相救，因為寅木同時也是比肩，有助日主，加上寅木合他的午火傷官，相信SpaceX一邊「褲穿窿」破財的同時，會有另一方公司(白武士)的資金相助。

　　幸運的是，比起2008年底(庚寅大運戊子年)的資金耗盡，離破產僅半步之遙。Elon Musk現正在己丑(正財大運)，所以差極都有個譜。

　　回顧歷史，2010年(庚寅大運庚寅年)Tesla宣佈上市集資前，該公司在之前的7年，連年虧損共2.9億美元。而2010年Tesla上市共集資到約約2.26億美元。當年他終於獲得到一根救命稻草，估計2022年也有類似的情況出現。

　　以下是2022年的TSLA的股價預測：

　　4甲辰月：上半月下跌

　　5乙巳月：上半月反覆

　　8、9月：股價由好轉差

　　(更詳細的Tesla股價預測，歡迎加入我的Patreon。ID：chriswong0630)

3. 2023 年及 2024 年 Tesla 股價預測：2023 年一落千丈

如果 2022 年 TESLA 股價已經跌得慘烈，2023 年應該更是用「屍橫遍野」來形容。

對於經濟預測，飽歷人生過山車的 Elon Musk 在 2022 年 1 月初時回答：「預測總經是充滿挑戰的差事。根據我的直覺，時間點或許會落在 2022 年春季或夏季，最晚不超過 2023 年。」

相信 Elon Musk 一生人中，卯木應該是他最不想見到干支之一，卯是甲木的比劫，也是羊刃，本身 Elon Musk 原局已經通根亥卯在時，卯木同樣克己丑財。 2023 年為癸卯年，因此，相信 2023 年 TSLA 的股價，會比 2022 年更糟糕。

回顧歷史，2010 年 Tesla 雖然成功上市，但之前虧損達 7 年，即年 2003 年開始虧蝕，正是他踏入辛卯大運的卯運那 5 年開始。這 7 年以來，Tesla 共虧蝕 2.9 億美元。

因此，相信 2023 年時，TSLA 及 SpaceX 的營運會為 Elon Musk 帶來煩惱。他在 2021 年底已經出售了 10% 的 TSLA 股份，屆時會否賣股救 Space X 更是並非不可能。

不論如何，預計 TSLA 股價在 2023 癸卯年將跌跌不休，尤其下半年，將會一落千丈。

2023 年 TSLA 股價預測：

2 月甲寅月：月中下跌月

3 月乙卯月：反覆

夏天好轉

8、9 月：危險的下跌月

2024 年 Tesla 股價預測：人生難得一次的入市良機

至於 2024 年，甲辰年雖然正式踏入離火九運，但甲木直接克 Elon Musk 的己丑正財，預料年初股價仍然受壓。不過，相信乃是人生難得一次的入市良機。

如果你錯過了 TSLA 的黃金成長時期，就不要再錯過第二個了。如果想知道更多當時的 TSLA 股價預測，歡迎加入我的 patreon:chriswong0630。

4. 2022 不宜購買的美股：微軟
Microsoft Corporation

有個朋友跟筆者說過，不要看小印度人，在美國讀書時，印度人佔領首幾名。相信微軟 (MSFT)CEO Satya Nadella 便是其中一個，另外 Google 的 CEO Pichai Sundararajan 也是。

今篇文章要說的是 MSFT CEO Satya Nadella，乙木生在申金月，月令正官當令，乙木無氣，日主身弱可知，喜水木扶身。申月的申中藏壬水，殺（金）旺有印（水）化，內中一點壬水可化頑金，使月令旺金之氣洩於水，水來生木。

Satya Nadella 在 2014 年當上軟微 Microsoft 的 CEO 一職，是癸卯 (水木) 大運的甲午年。

日期	時柱	日柱	月柱	年柱	大運	流年
歲 年		【點擊六柱干支可看提示】			54歲 2021	55歲 2022
天干		乙 元男	戊 財	丁 食	壬 印	壬 印
地支		卯 比	申 官印財	未 才食比	寅 劫傷財	寅 劫傷財
流月干	壬 癸	甲 乙	丙 丁	戊 己	庚 辛	壬 癸
流月支	寅 卯	辰 巳	午 未	申 酉	戌 亥	子 丑
星運		胎	臨官	胎 養	帝旺	帝旺

[點擊大運和流年的干支可切換到上面]

	0-3	4歲 1971	14歲 1981	24歲 1991	34歲 2001	44歲 2011	54歲 2021	64歲 2031	74歲 2041
大運8	小運	丁未	丙午	乙巳	甲辰	癸卯	壬寅	辛丑	庚子
	2021	2022	2023	2024	2025	2026	2027	2028	2029	2030
流年	辛丑	壬寅	癸卯	甲辰	乙巳	丙午	丁未	戊申	己酉	庚戌

[未起大運顯示小運,十步大運要打開設置]

現在他在壬寅大運壬寅年,壬水可培養乙木,加上本身出身戊申月,可謂官財印俱現。不過 double 寅,一來沖月柱官星申,二來又寅木是乙木的比劫,克原局的未土財。

2018 年,微軟曾一度超越蘋果公司,成為全球最有價值的上市公司,Satya Nadella 肯定身家水漲船高。2018 年是癸卯大運戊戌正財年。

而在 2019 年的己亥年 4 月,微軟達到了 1 兆美元的市值,成為僅次於蘋果公司第二家股價市值超過 1 兆美元的美國上市公司。

因此,Satya Nadella 在兩個水木扶身大運下,本身身

已不弱了，必是喜土財無疑，但 2022 年 double 寅木比劫克財，股價又怎會好？

事實上，早已在 2021 年底已賣出超過一半的微軟股份，是他自己歷來最大的售股計劃。

CEO 賣股，一定有古怪

2021 年 12 月初，CEO Satya Nadella 早已賣股。

有分析師認為，當時華盛頓州實施新的資本利得稅，將於 2022 年 1 月 1 日生效，該稅針對擁有長期資本資產的個人每年的收益超過 250,000 美元，徵收 7% 資本利得稅。

於是微軟 CEO Satya Nadella 便出售了他在這家科技巨頭的一半以上的股份，套現了 2.85 億美元 (22.23 億港元)。

雖然微軟之後發表聲明：「出於個人財務規劃和多元化的原因，出售了他持有的大約 840,000 股微軟股票。他致力於公司的持續成功，他的持股量大大超過了由微軟董事會規定的持股要求。」

至於微軟的新發展，微軟在 2022 年 1 月宣佈以 687 億美元 (5358.6 億港元)，以每股 95 美元的價格買下遊戲大王 Activision Blizzard, Inc.，(NASDAQ：ATVI)。 這筆交易預期會在微軟的 2023 財年內正式完成，目前雙方的董事會已經都給出了許可。如果一切順利的話，合併後的公司以營收計，微軟將會成為「第三大」的遊戲公司。Activision

Blizzard 的《決勝時刻》（Call of Duty）、《鬥陣特攻》（Overwatch）、《魔獸世界》（World of Warcraft）等資源都會來到微軟名下，而微軟方也的確已在計劃把對方的作品都搬上 Xbox Game Pass 了。

有分析師認為，這是為元宇宙鋪路。

未來都是元宇宙的世界，因此，看來 2023 年底也是購入 MSFT 的良機。不過，留意一下，2024 年為甲辰年，甲木跟 Satya Nadella 的寅木通了根，因此，投資者

最好在 2024 年 3 月底才好購入此股。

以下是 2022 年的 MSFT 股價預測：

4 甲辰月：下跌

5 乙巳月：上半月下跌

8、9 月：股價由好轉差

5. 美股之寶：NVIDIA 才是 Metaverse 的先驅？ 很大可能是下一隻「Tesla」和股王？

在看完 NVIDIA 的資料以後，只能說一句：「NVIDIA，你下半生值得擁有的股票。」

既然 Metaverse 元宇宙被說到要主宰未來世界似的，那就一定不能不提 NVIDIA。 它的創辦人兼 CEO 黃仁勳 Jensen Huang， 其實比 Mark Zuckerberg 更早部署元宇宙 Metaverse，NVIDIA 甚至乎已經搭建了「Metaverse 的世界」，提供的軟件和硬件，因此才說 NVIDIA 才是 Metaverse 的先驅，反顯得 Mark「講得太遲」？ 更重要的是：筆者發現，Jensen Huang 除了未來 2 年較不好外，其未來 10 至 20 多年的成就，絕對可以主宰美股股王。

筆者觀乎 Jensen Huang 的八字，NVIDIA 不是未來 5 年的潛力，而是未來 10，甚至 20 年都是它的世界。因此，我將 Jensen Huang 比喻為「Steven Jobs 喬布斯」一點也不過份，甚至有過之而無不及。屆時，如果美股首 3 甲出現 NVIDIA，絕對是華人之光。

基本	命盤	細盤	大運	流年	提示

日期	時柱	日柱	月柱	年柱	大運	流年
歲年		【點擊六柱干支可看提示】			54歲 2017	59歲 2022
天干		辛 元男	甲 財	癸 食	戊 印	壬 傷
地支		卯 才	寅 財官印	卯 才	申 劫傷印	寅 財官印

流月干	壬	癸	甲	乙	丙	丁	戊	己	庚	辛	壬	癸
流月支	寅	卯	辰	巳	午	未	申	酉	戌	亥	子	丑
星運	帝旺		絕		胎		絕		帝旺		胎	

[點擊大運和流年的干支可切換到上面]

	0-3	4歲 1967	14歲 1977	24歲 1987	34歲 1997	44歲 2007	54歲 2017	64歲 2027	74歲 2037
大運 8	小運	癸 丑	壬 子	辛 亥	庚 戌	己 酉	戊 申	丁 未	丙 午

	2017	2018	2019	2020	2021	2022	2023	2024	2025	2026
流年	丁 酉	戊 戌	己 亥	庚 子	辛 丑	壬 寅	癸 卯	甲 辰	乙 巳	丙 午

先說 Jensen Huang，辛金男被重重的寅木、卯木財星包圍，年干有一粒癸水食神生財，雖然時干未能知道甚麼干支，但憑 Jensen Huang 如此輝煌的成就，即 2021 年底躍進全美國第 7 大市值的公司，相信他即使不是真的從財格，也很大可能是假從財格。

從財格以財星（木）為用神，喜水、木、火，忌金比劫克財。一般來說，這種命造擅長經商營銷，愛財如命。有時愛財勝於愛命，只要他認為有利可圖，他可以不惜生命去博一博。財（木）官（火）並見，富貴雙全，名利雙收。

回顧他的歷史，1999 年，因 NVIDIA 有出色的銷售量，身家升至高達 5 億美元，被財富雜誌評為全美 40 歲以下最富有的人之一。那是正在庚戌大運己卯年，戌是火庫，卯正是他的偏財。

因此，2023 癸卯年是他的財年，相信股價會有漂亮的表現。

比較可惜的是，他將走進申金劫財大運，從財格最怕見比劫克財，甚至危害健康。即使流年出現財年，如 2022 年的壬寅年及 2023 年的癸卯，便立即被申金沖克，股價較波動，似乎要等 2024 年甲辰年，財富及股價才會變好，之後更會一路向好。

從財格喜見官殺，才顯貴，之後的 2027 年，他將進入

官殺的丁未大運，以及丙午大運，更是將他的八字順生，非常大可能登上美股三甲內的寶座。當然，不需要等到 2027 年這麼久，2025 年乙巳年開始，流年上已經開始見到木火年。NVIDIA 很大可能「再登峰造極」，屆時再躍進美股三甲？我也非常期待。

（註：由於不清楚 Jensen 的時柱，有些地方仍有待商榷，不敢太妄斷。）

（要注意的是，由於 2022 及 2023 年都進入美國加息週期，必然引起美股股災連連，加上科技股定必首當其衝，投資者不宜貿然買股。）

2022 月 8 月戊申月開始，是連續 4 個金月的開始，大大不利 NVIDIA 的股價。

2023 年的 8、9 月的庚申、辛酉月，金相當旺，很可能這兩個月股價會大幅下跌，但必定是入市良機。

NVIDIA 未來的增長引擎：Metaverse

雖然坊間的分析師，對於兩個巨擘所提出元宇宙，認為二人具有不同演繹方式，Meta 的 Mark Zuckerberg 提出的元宇宙概念，是一個類似虛擬玩家的世界，而 Jensen Huang 的 Omniverse 是可以拿來模擬工廠、倉庫、物理、生態系統、機器人，甚至一整顆地球的模擬平台。不過，其

實 Omniverse 比 Mark 所提出的，可謂更完善的虛擬世界。

NVIDIA 公司出名於設計及銷售圖形處理器、中央處理器（CPU）、晶片芯片、電子遊戲機，合作公司包括有 Xbox、PlayStation、Tesla 等。此外，NVIDIA 晶片嵌入各大雲端系統的資料中心，Amazon、Google、微軟、阿里巴巴都是它的客戶。不過，NVIDIA 未來的增長引擎，相信主要來自 Metaverse。

當 Mark Zuckerberg 在 2021 年 10 月時高呼要創建元宇宙 Metaverse，其實早在 5 年前，黃仁勳 Jensen Huang 靜靜地起革命，甚至早已經建設好一個 Metaverse 元宇宙的雛型。可以說 Mark 說的是「將來式」，但 Jensen 說的是「現在進行式」。

Jensen 強調，當有不少人想要在元宇宙裡發展遊戲，他們比較想要在此建立工廠、城市甚至一整個地球，以便幫助世界變得更好、更進步。「人們浪費一堆東西來補償沒有進行模擬的事實。在元宇宙中，可以模擬所有工廠、植物以及現實世界的電網，如此一來，才可以減少浪費，這就是元宇宙對公司如此有利的原因。企業只要投資小筆金額，就能購買這種人工智慧能力，但節省下來的錢有可能是幾千、幾萬、甚至是幾十億美元。」

NVIDIA 的主打產品 Omniverse 平台，目前擁有超過 7

萬個用戶，其最強大的能力是可以結合 AI、晶片運算以及最先進的 3D 影像呈現，去模擬出工廠運作、城市環境甚至地球的氣候，就像是在元宇宙裡為真實的事物打造一個數位孿生模型（Digital Twins），並已經跟不少著名公司合作。

Jensen 指出，最近發現極端氣候已愈來愈嚴重，應該要趕緊找到解決方法。如果能用模擬預見地球 20 年後、甚至 30 年後的解決方法，就可以提前了解的問題在哪，以避免天災衝擊。不過，複製一個地球的數位模型，格局遠比一般氣候模擬複雜，因為還要考量大氣物理、海洋洋流、太陽輻射與人類活動等等，需要放進模擬的因素非常多，以目前的電腦來說很難做到。

NVIDIA 目前正在努力建置一個稱為「Earth 2（第二個地球）」的模型，希望能達成。

其次，一整個城市的電信建設，也可以放進元宇宙改善。瑞典電信公司愛立信（Ericsson）就利用 Ominiverse 平台，完整模擬一整個城市的道路、建築與綠地等，去模擬了解搭建 5G 電信網絡時，哪裡可能會有收訊死角？之後去實際建置時，就可以避免或想出改善方案。

另外，德國車商 BMW 也已善用元宇宙的擬真能力來模擬工廠運作，並且可以隨時將新的製造技術，輸入到各地機器人，由於已事前模擬過，就不必再個別調校測試，馬上讓

工廠技術升級。

至於 Facebook 想用元宇宙切入的虛擬社交，其實 NVIDIA 已有佈局。Jensen 表示，智慧虛擬助理的發展已嶄露曙光。Omniverse Avatar 結合 NVIDIA 的基礎繪圖、模擬及 AI 技術，創造出一些史上最複雜的即時應用程式，協作機器人和虛擬助理的應用，對未來影響深遠。

Omniverse Avatar 串連了 NVIDIA 在語音 AI、電腦視覺、自然語言理解、推薦引擎和模擬的技術。在該平台上打造的虛擬化身，是由光線追蹤 3D 繪圖所創造出的互動角色，能看、能說、能就各種主題進行對話，並能理解自然語意。

Omniverse Avatar 的構造，亦為 NVIDIA 的元宇宙打開了商機，它能輕易地為各行各業量身打造。這些虛擬化身可以協助處理每天數十億筆的客戶服務互動內容，如餐廳訂單、銀行交易和個人預約等，進而帶來更大的商機並提高客戶滿意度。

除此之外，他們開發出「Maxine」視訊會議功能，可以讓虛擬分身代表你到各地開會外，還能把你的語語用多國語言傳達，再也不用自己隨身帶著翻譯員。

他展示了 Project Maxine 為虛擬協作和內容創作應用程式，加入最先進的影音功能。例如，當一位講英語的人在一

間嘈吵的咖啡廳進行視訊通話時，依舊能讓對方聽清楚她說的話，當她說話時，她的一字一句皆會被轉錄成文字，並且翻譯成德語、法語和西班牙語，且和她的聲音及語調相同。

看完 NVIDIA 在宇元宙的巨大成果，是否覺得在看電影般？

至於市場對於的未來的元宇宙規模預測，由於筆者在下篇 Meta 篇章將大幅詳說，不再詳述。

NVIDIA 在 2021 年 10 月已躍上全美國第七大市值的公司，其市值相等於 Disney 或者 Pfizer，相信未來成就遠不止於此。

如果你錯過了 TSLA，就真的不要錯過 NVIDIA。不過，再三提醒，2022 年和 2023 年，即使他出現了財年也沒有用，因為他進入了申金大運，但真的會是一生人難得一次的入市機會。

6. 美股之寶：「Meta Platforms 是下一個 Facebook」

坊間不少人嘲笑元宇宙 Metaverse，連 Tesla CEO Elon Musk 也笑人：「不會有人想把螢幕整天綁在臉上。」「我現在看不出元宇宙有任何令人信服的理由。」「我不明白，也許未來我會，但目前還沒有。」不過，八字密碼卻反映，未來世界的確是由 Metaverse 來主導，剛巧兩個科技巨擘，Meta Platforms(FB) 的 Mark Zuckerberg 和 NVIDIA Corporation(NVDA) 的 Jensen Huang 黃仁勳，這數年八字都是走好運。

Mark 曾經表示，希望在未來十年內，元宇宙的虛擬世界將覆蓋 10 億人口，並承載數千億美元的電子商務。

Metaverse 不就是未來新星？

（不過，筆者再三提醒，由於 2022 及 2023 年都進入美國加息週期，必然引起美股股災連連，加上科技股定必首當其衝，但相信 Meta 會是具有潛力的科技股。）

先講 Mark，戊土男生巳月，八字戊土建祿，先用甲疏劈，次取丙癸。Mark Zuckerberg 本身年支有子水潤澤，加上巳火偏印助生，獨享聰明才智俱全，身旺亦可承擔財富。

日期	時柱	日柱	月柱	年柱	大運	流年
歲年	\[點擊六柱干支可看提示\]				37歲 2021	38歲 2022
天干	丁	戊 元男	己 劫	甲 殺	癸 財	壬 才
地支		申 食才比	巳 梟比食	子 財	酉 傷	寅 殺梟比
流月干	壬 癸	甲 乙	丙 丁	戊 己	庚 辛	壬 癸
流月支	寅 卯	辰 巳	午 未	申 酉	戌 亥	子 丑
星運	臨官	病	臨官	胎	死	長生

\[點擊大運和流年的干支可切換到上面\]

	0-6	7歲 1991	17歲 2001	27歲 2011	37歲 2021	47歲 2031	57歲 2041	67歲 2051	77歲 2061
大運 8	小運	庚午	辛未	壬申	癸酉	甲戌	乙亥	丙子	丁丑
	2021	2022	2023	2024	2025	2026	2027	2028	2029	2030
流年	辛丑	壬寅	癸卯	甲辰	乙巳	丙午	丁未	戊申	己酉	庚戌

水是 Mark 的財，2012 年壬辰年是 Mark 第一個人生頂峰，當年 5 月 18 日，Facebook 通過首次公開募股正式在納斯達克上市，募集資金 160 億美元，成為美國歷史上第三大首次公開募股案例。2012 年就是壬辰壬水年，而 2022 年壬寅壬水年，命運的年輪再會來一次，讓他躍上世界首富嗎？

（在 2020 年 10 月 22 日，Mark 的資產首次超越 1,000 億美元大關，資產達到 1,024 億美元，成為全球第四大富豪。）

相信他由 2021 年開始的癸酉大運，財來合自己，也就是「Metaverse 時代」，能再次把他的事業推上再一個巔峰。

不過，Mark 在 2022 年都有隱憂，要小心 2022 年下半年，因為他有寅巳申三刑的問題，可能有「好事多磨」、「事情停滯不前的現象」，也有可能因為全球股災，引致股價下瀉。另外，2022 年 4 月甲月上半月也會泄財，投資者要注意。

未來世界由元宇宙主導

互聯網世界發展一日萬里，尤其 2020 及 2021 年因全球疫情關係，不少人都需要 work from home，一些國際會議都需要網上內進行，這有助推進了 Metaverse 元宇宙的發展。

《今日美國》將 Metaverse 定義為「多種技術元素的組

合，包括虛擬現實、增強現實和用戶『生活』在數字世界中的視頻」。

　　Mark Zuckerberg 也早在 Youtube 介紹了 Metaverse，它是一個跨越實體界限的虛擬世界，按照 Facebook 的定義，在這個不同的虛擬空間，你可以與相隔異地的朋友一起工作、玩遊戲、學習、購物、創作等等，使用 AR 和 VR 的技術，使你置身仿如真實世界生活一樣。

　　元宇宙指的是平行於現實世界的虛擬空間，例如電影《一級玩家》描述的虛擬遊戲世界「綠洲」(OASIS)。2021年 10 月 28 日，Mark 宣佈將公司 Facebook 改名為「Meta Platforms」，為「元宇宙」這個新事業刻劃出一個新的里程碑，亦為「元宇宙」整裝準備，蓄勢待發。

　　Mark 早已有全盤的執行計劃，指出「元宇宙」不單單是一個公司可以建造的一個產品，而且需要未來 10 至 15年時間才能完全實踐，。Facebook 先後推出 VR 設備品牌 Oculus 和社交平台 Horizon。(現時 Horizon Worlds 的計畫仍只開放在美國與加拿大，並讓 18 歲以上的用戶免費體驗，此外也需要有 VR 裝置 Oculus Quest 才能遊玩。這個平台讓玩家能自由建立屬於自己的虛擬人物，進行各種社交活動和編寫遊戲，未來也將開放讓玩家直接透過電腦進行開發。)

　　根據媒體報道，截至 2022 年 2 月 21 日為止，Meta 官

方數字顯示,其核心社交 VR 平台 Horizon Worlds 規模擴大逾十倍,其每月活躍用戶人數也增加至 30 萬,並計劃將 Horizon Worlds 的適用範圍,擴大至更多手機平台。

另外,他會投資 1.5 億美元訓練人才;未來五年計劃在歐盟創造 10,000 個職位,聘請科技人才研究「元宇宙」。Mark 早已有 Facebook、Instagram、WhatsApp 等社交及通訊平台,相信已經有不少潛在客戶。

至於如何支付服務的問題,Mark 亦早已密謀在元宇宙解決支付障礙,例如,Facebook 的數字錢包應用程序 Novi 最近在美國和危地馬拉推出,並將支持 Paxos Dollar 穩定幣。

市場亦開始評估 Metaverse 的收益,甚至有機構預計全球 Metaverse 市場規模將達到 8723.5 億美元。根據 TrendForce 預測,2021 年全球虛擬實境應用內容市場規模將達到 21.6 億美元,至 2025 將達 83.1 億美元。除此之外,根據 Reports and Data 的最新報告,2020 的市場規模達 481.2 億美元,至 2028 年,預測期內的收入複合年增長率為 44.1%。雖然兩個預測的數字相差很大,但這個數字會否到達,我們拭目以待。

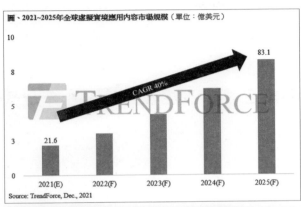

Meta 推虛擬社群平台 Horizon Worlds

你說 Meta Platforms 會成功嗎？相信如果這位全球擁有數十億潛在客戶的人都不成功，世界上都找不到成功的人或者公司了。

不過，重要的事情也要說 3 次。由於 Meta 是科技股，如果在股災時必然首當其衝了。

7. 2022 及 2023 年其他潛力美股

　　首先，在挑選 2022 年及 2023 年的潛力美股時，必先以「市場需求」為主，相信 WiFi6、5G、元宇宙、圖像卡主機板、矽晶圓、晶圓代工、晶片、航運等主題，在美股投資上會吸引投資者的目光。

　　高盛分析師發現，自 2021 年 4 月份以來，標普 500 指數的升幅有一半動能來自於權重最大的五隻股票。標普 500 指數在 2021 年共上漲 24%，其中三分之一來自微軟 (MSFT)、NVIDIA (NVDA)、蘋果 (AAPL)、谷歌 (GOOGL) 和 Tesla (TSLA)。

　　不過，相信 2022 年，各大股表現迴異，TSLA 和

MSFT 在早些篇章已有所說明，至於另外的潛力股有哪些，以下逐一分析。

1. Apple(AAPL)

由於筆者不太注重以往績效，因為業績是過往的數字，不代表未來，所以即使 Apple 公佈了上季（即為 2021 年 10 月至 12 月）的業績，收入增加 11%，再創蘋果史上新高，盈利均好於預期，都不是筆者考量。不過，由於未來網絡由 5G 主導，相信勢必有一輪「換新機熱潮」了，這就是 Apple 的亮點了。

筆者看重 Apple，是因為它也沾了元宇宙這一塊。蘋果盛傳將推出 AR 頭戴裝置，Tim Cook 被問及蘋果在「元宇宙（Metaverse）」的部署」時，他形容當中有「巨大潛力（lot of potential）」，並指蘋果處於創新行業，會研究不同新興科技，目前已有 1.4 萬個達到蘋果 AR（增強實境）基準「ARKit」的應用程式上架。

著名蘋果供應鏈分析師郭明錤分析，蘋果 AR 頭戴裝置將使用 4 納米、5 納米製程的雙 CPU，芯片運算能力較主要對手高通（Qualcomm，美股：QCOM）領先約 2 至 3 年。他又指出，蘋果 AR 裝置的 CPU 將採用 ABF 載板，分別由台積電和欣興獨家開發，預計 AR/MR 頭戴裝置在 2023、

2024 年、2025 年，將創造 600 萬片、1600 萬至 2000 萬片與 3000 萬至 4000 萬片 ABF 載板需求。

如果是這樣，明來數年，Apple 當然可以在元宇宙分一杯羹。

Tim Cook 稱：

「我們正探索如何整合硬件、軟件、服務，因為我們認為當中可發展成夢幻，蘋果正前所未有加大研發支出，會為市場帶來前所未有產品。

（We look at areas that are at the intersection of hardware, software and services because we think that's where the magic really happens...... You can tell that we've ramped our R&D spend even more than we were before. There's quite a bit of investment going into things that aren't on the market at this point.）」

P.S. 而且，其實 2022 年及 2023 年都有利 Tim Cook 的事業。

2. 超微半導體公司（Advanced Micro Devices, Inc.；AMD）

AMD 是一家半導體公司，主要產品包括中央處理器 CPU（包括嵌入式平台）、圖像處理器、主機板晶片組以及

電腦記憶體。

　　要選 AMD 的原因是，因為你看見它的產品，都應用於世界各龍頭公司，包括 Meta(FB)、Tesla、微軟等，即各巨頭都會看到 AMD 公司產品的蹤影，潛力巨大，而且它更像一匹後來居上的的黑馬，也是 NVIDIA 強勁的對手之一，能不提及嗎？

　　AMD 多年來緊緊地追上市場巨擘 Intel、NVIDIA，甚至在顯示卡市場一度打敗 NVIDIA。雖然獨立圖形處理器（GPU）市場暫時被 NVIDIA 霸佔，據報，NVIDIA 在 2021 年第二季度佔領 83% 的 GPU 市場。但由於價格上，AMD 的產品較便宜，同時 NVIDIA 現時面臨供應短缺的問題，使 AMD 出現打敗 NVIDIA 的機會。

　　據德國大型零售商 Mindfactory 的銷售數據，在 2021 年 10 月最後一周，AMD 佔店內顯示卡銷售額 75%，超逾了 NVIDIA。

　　獲 Meta 垂青接獲處理器訂單，「打入」元宇宙領域

　　2021 年底，AMD 公佈新型的電腦處理器，包括 5nm 製程的 EPYC 中央處理器（CPU）及全新 MI200 系列的圖片處理器（GPU）。市場預期，AMD 的技術將會受到科企的青睞，同時提高 AMD 的競爭力。

　　此外，AMD 更宣布獲得 Meta（前名 FB）的訂單，即

Meta 的資料中心將採用 AMD 的 EPYC 處理器，這標誌著 AMD 在「元宇宙的里程碑」。消息配合近期爆紅的「元宇宙」Metaverse 概念，帶動了 AMD 的股價在該月上升逾 2 成。微軟也將在 Azure 雲運算服務中使用 AMD Milan-X 服務器。

AMD 不僅在電腦處理器上獲得成就，在 TESLA 最新發佈的 Model Y 高性能版上，除了使用 AMD 銳龍處理器之外，還使用了一顆來自 AMD 的獨立顯卡，這意味着 TESLA 將台式 PC 算力搬進了汽車當中，打開軟件的速度比之前使用的英特爾（Intel）快 4 倍。

AMD 在各競爭性產品市場中都佔據一席位，當前已經第三次上調了 2021 財政年度的營業收益預期，預計年營收將比前一年增長 65%，而不是最初的 37%。

在雲端計算及企業客戶需求推動下，2021 年 AMD 的伺服器相關收入按年增逾倍，按季增長也達雙位數。值得注意的是，英特爾（Intel）早前業績顯示，其數據中心業務收入按年錄得倒退，意味 AMD 不僅在電腦 CPU 市場搶奪英特爾（Intel）的市場，連其他業務也進一步攻陷。

相信 Apple 和 AMD 在全球如此強勁的需求下，即使要迎戰美股大型股災，都變成入市時機。希望投資者可以化危為機。

8. 2022 年的小陽春：Amazon 和蔚來（Nio）

雖然美股在 2022 年及 2023 年都會受到加息的衝擊，相信大部份股票都會走下坡。不過，筆者在研究各美股公司的時候，發現有幾家公司的領導人在夏天火旺月的時候，股價為較好，因此相信 2022 年的夏天，會為美股市場帶來小陽春。

1. Amazon（AMZN）

Amazon 是全球最大的互聯網線上零售商之一，公司在美國、加拿大、英國、法國、德國、中國、新加坡、意大利、西班牙、巴西、日本、印度、墨西哥、澳大利亞和荷蘭均開設了零售網站，而旗下的部分商品也會通過國際航運的物流

方式，輸往其他國家。

2021 年 7 月 5 日，Amazon 創始人 Jeff Bezos 卸任 CEO 職務，交由本身負責 Amazon 雲端運算服務的 Andy Jassy 擔任 CEO。

Andy 是壬水人，生於寒冷的丑月，丑月的壬水要先用丙火，後用丁火、甲木輔佐來解凍，而火又是壬水人的財，相信在夏天的表現不俗。

2021 年 Amazon 首次明確公佈其快速成長的廣告業務營業收益，第四季廣告年增 32% 至 97 億美元 (756.6 億港元)。

Amazon 全年廣告營收大約達 312 億美元 (2433.6 億港元)，此規模比一些科技業都還要大，相比之下，微軟 2021 年廣告營收約 100 億美元 (780 億港元)，社交媒體 Snap 約 41.2 億美元 (321.36 億港元)，Pinterest 約 25.8 億美元 (201.24 億港元)。

2. 電動汽車板塊

由於筆者研究過去歷史股圖時，發現電動汽車板塊在夏天火旺的季節，都有不俗的表現，包括蔚來（NIO）、小鵬汽車 XPeng Inc. (XPEV) 及理想汽車 Li Auto Inc (Li) 等，而 Check 過他們的 CEO，都喜火，因此，在真正夏天到前，投資者不妨考少注。

9. 九運有利甚麼投資？

　　曾經在網上看過一些文章、或者一些影片，說「Metaverse(元宇宙) 是一場騙局。」筆者真的得啖笑。因為他們太不了解九運離火運，是有利虛擬事物、虛擬世界的發展，因此筆者相信，Metaverse 元宇宙在 2024 年後必有一番大作為。

　　按照易學「三元九運」計算天運的理論，從 2024 年至 2043 年為下元的九運，當運之星為九紫右弼星，對應於易經的離卦。在這段時期內，屬火的事物或行業會乘勢崛起，繼而壯大發展。

　　簡單而言，2024 年或早幾年開始，全球會進入一個新

時代。(有說玄空風水的土木相會已早了三年多。因此，2020 年西曆 11 月至 12 月底，便是土木相會之期，九運之氣亦在該段時期進入。)九紫離火運將會由電腦電子、文化、資訊與外在美麗主導，並主宰未來 20 年。屆時，屬八運艮土的投資房地產已經過時了。

用離火卦解釋未來有利的事物和行業

由於《離為火》卦寓意的是光明、美麗、文明，人們追求外表上的漂亮，故相信美容業、化妝品、甚至整容行業將會越趨盛行，美容師及化妝師等職業更吃香。另一方面，家居裝潢也說是修飾的一種，故亦有利裝修行業。

- 離為火，科技、文明之象。5G 網絡、網絡全球化、互聯網+、人工智能等行業將會進一步發展。除了淘寶、eBay、Amazon 等網購已經發展成熟外，網絡上興起 TikTok（抖音）、各種 KOL 帶貨等早已隨運而生。
- 另一方面，Meta Platforms(FB) 的 Mark Zuckerberg 和 Nvidia (NVDA) 的 Jensen Huang 等人致力打造的元宇宙世界，網民可以有分身在虛擬世界遊戲、購物、交友等等，甚至工作會議，開會等等，都是正在蓄勢待發。
- 虛擬貨幣：雖然幣市在 2022 年及 2023 年都會跌到谷底，

應該殺了不少投資者措手不及，但相信在 2024 年後會回暖。

- 文化、國學、傳媒、教育培訓、影視等行業會進一步更繁榮。

- 航天產業、太空站等會發展迅速，Elon Musk 已致力發展 SpaceX，上太空已開始成為「平民運動」，他也稱自己大部分的財富都將用於在火星上建造一個基地，又希望通過火箭將人類送上火星。屆時上火星不是夢？

- 離為火：促使電力、能源、電信等火屬性行業飛速發展。其中一個例子便是電動汽車，不論 Elon Musk，還是中國都致力發展電動汽車，小米創辦人雷軍更欲在市場分一杯羹，其趨勢有目共動。

- 離為心：人們會更重視心靈、精神、心理層面，需求漸增，像心理學、宗教學將會盛行，因此心理諮詢師、婚姻諮詢師、命理師、解夢師等職業會大受歡迎。

- 離為心腦、血管疾病、眼睛等：由於人類已經離不開電腦及智能電話，隨著低頭族群體的日漸龐大，近視、散光等眼疾將會進一步惡化，與此同時，這幾方面的醫療技術、藥物、器械等水平將會取得巨大的發展。

用離火卦看其他未來發展

- 離為中女，女強人將進一步抬頭。中年女子更易躋身領導

階層，或成為創業家，有智慧的中年女性會廣受歡迎，軍政、經濟、學術等領域將會湧現一大批優秀的女性領袖，如今的剩女也成為無稽之談。

無獨有偶，雖然不少國家如德國、韓國等，甚至台灣、香港早已出現了女性領導人，但美國副總統賀錦麗會否打破歷史，成為美國第一位女性總統，世界也矚目以待。

2021年以女性英雄的美國電影《黑寡婦》上畫，過往類似的電影皆為男性英雄為主導，即使有女英雄呈現，但也仿如配菜。

- 離卦的炁，影響最大的是中男，中年男性的事業、家庭方面都容易出現不如意，舉步艱難。

- 中國地運屬土，九運火生土，在2024年開始的20年，先不論中國能否主導世界，但至少起碼行20年吉運。相反，美國地運屬金，離火克金，勢必行20年凶運，內鬥不絕。

- 2024年進入離火運後，坐南向北有運行，即南方有山，北方有水就行運，中國以為中土，中國的南方地方或國家可行運，即是廣東、廣西、雲南、香港、台灣等地方。國家方面則有菲律賓、星加坡、馬來西亞、越南、泰國、柬埔寨、緬甸、孟加拉、尼泊爾、印度等等南方國家都有運行。

- 那些想不勞而獲的、逃避現實的、依賴他人過活的

- 離為火，酷熱、乾旱的天氣增多：我們可以預測，離運全球

溫度會進一步上升，溫室效應進一步惡化，旱災、火災頻現。

• 離為兵戈：恐怖襲擊、各國衝突和戰爭將會漸趨頻繁。

　　九運已至，由金為主導的金融業，必然受到最大受影響，而以土性為主的房地產則退居次位，雖然未至於衰退，眾人應雖有智慧，卻不如乘勢。距離 2024 年仍有數年的距離，筆者建議讀者可根據趨勢學習相關技能，做好人生和事業規劃。即使不能，在投資上，亦應選擇正確的風口。正如小米創辦人所說：「風口對了，豬也能飛。」

10. 為何入 Metaverse 系股，也不入阿里巴巴 9988

在 2021 年年底時，有谷友跟我說：「我想買 (阿里) 巴巴 (9988)，我覺得很抵。」

由於筆者當時最後悔的投資決定，就是在年中的時候，因為覺得港股只有 24000 點「很抵」(很便宜)，才將 MPF 由美股轉去港股，結果把 20% 盈利化為烏有，所以聽到「很抵」這兩個字，便有點反感。與此同時，美股市場當時天天像紅了的豬蹄一樣，日日都是升市。

2021 年的港股彷似第 3 世界的人民般，又乾又瘦又無肉，真的不想再望。

於是，筆者下定決心，要研究一下美股了。不過，筆者

重申，美國在 2022 年及 2023 年都會加息，美股必定股災連連，但港股一定也不會有好日子過。

現先分析一下港美股的優劣。

1. 缺乏北水（內地資金）支持

有位朋友說得很對，港股的水（資金）主要來自大陸。不過，現時大陸進行封閉式的策略，哪裡有北水下來？投資最重要看資金方向。

沒錯。雖然美國在 2022 年和 2023 年都會加息，銀行把市場的熱錢收回，美股尤其科技股必然首當其衝，不過人家可是美股呀，全世界馬首是瞻，相信每次的股災，都是全球撈底的好機會。

2. 港人對「No.」的迷思，但很少認真研究個股的未來潛力

首先，香港人有一種「No. 迷思」，或者叫情有獨鍾，但沒有深究未來的願景。例如，我說 700，9988，香港人一定明白我說甚麼。但說到未來的潛力呢，大家未必會跟美股科技股去比較。

筆者不太喜歡以業績去評論個股，因為已經是「歷史」，而且每次出成績表，市場都會有自己的演繹，或者只是大戶大力扔貨的藉口，（又或者筆者因為以前做財經記者關係，對業績報告有陰影。）

　　Anyway，筆者想說的是，我會多看該股的未來願景。例如 NVIDIA (NVDA)、Meta Platforms (FB) 等美股多專注打造元宇宙 (Metaverse)，相信元宇宙的發展會成為它們的增長引擎，(有關 Metaverse 的發展參考該美股的篇章)，加上 2024 年後的九運有利虛擬世界的發展。最重要的是，它們都是世界性的，而不是單一國家國內。

　　相反，阿里巴巴 (9988)、騰訊 (700) 等港股，雖然它們在電商平台、遊戲、金融等領域，都已經是佔據龍頭的位置，但說到未來的增長引擎，似乎有所缺乏，加上港股缺乏北水資金支資，令我對港股未感興趣。

　　因此，如果有得選，筆者會買 NVIDIA (NVDA)、Meta Platforms (FB) 等美股，多於阿里巴巴 (9988)、騰訊 (700) 等港股。

　　筆者認為，如果你仍然想在投資市場有斬獲，最好遠離港股。雖然美股市場在 2022 年及 2023 年都會受到加息的結果影響，股災連連，但相信每次股災，都是很好的撈底機會。

　　不過，筆者不想害投資者錯失撈底的機會，買不買阿里巴巴 (9988)，或者其他港股，各投資者應該謹慎分析，自行選擇，畢竟這只是筆者的個人看法！

11. 一生最後一次變富人的機會，
2023 年 BTC 將「歸 0」？

在坊間，不少人都說 BTC 是騙人的投資，但它的價值，你又知不知道升了多少倍？

在 2010 年，一名比特幣使用者用 10000 個比特幣換了價值 25 美元的 PIZZA。

換算一個 BTC 的價值，即 1 BTC 等於 0.0025 美元。

2021 年，BTC 最高去到 69000 美元，那是 27,600,000 倍。我想當時的比特幣使用者發夢也想不到 10 年後 BTC 的價值，已經可以買一層樓了！

不過，2022 年及 2023 年的幣市價格岌岌可危了。過去 2 年，不斷有坊間的個人 KOL 或機構都預測 BTC 將達到

10 萬美元。事實已經證明不太可能了，由 2021 年 11 月 10 日那一碰 69,000 美元後，之後的 2 個月後更低見 39,650 美元。2022 年的 1 月，更低見 33,000 美元。

筆者仍記得曾在 Facebook 專頁寫不可能上到 10 萬美元，更被網民謾罵。

(題外話，讀者們覺不覺得坊間唱得最高最好的，才會跌到一仆一碌？港股的科技股如是，你看 9988 阿里巴巴，以及一眾科技股也如是。)

BTC 如是，人人都唱會升至 10 萬美元時，早前幣市大跌時，有網友問我：「會不會再次上升到 60000 美元？」

我真的回答說：「難度的確有點高。」

相信受到美國加息影響，各大上市公司股東可能會悄悄地賣股，不論美股、港股，你當他們傻的咩，明知加息會影響股票市場。到時人踩人，情況不堪入目。)

說回正題，如果我說 BTC 要歸 0，那也真的太誇張了，這是不可能，但要回到 1000 至 3000 美元，那就很大可能了。

我會從不同角度分析，BTC 及幣市為何在 2022 年及 2023 年會像死人淋樓般大跌。

1. 美國加息行動的威脅

美國 Fed(美國聯邦儲備銀行) 的加息如箭在弦，密鑼

緊鼓地進攻各投資市場，原定 2022 年中縮表結束後才開始加息，(所謂縮表，即是縮減資產負債表規模，收回市場流動性，簡單來說就是「收水」)， 2022 年 1 月 Fed 會議卻表示，預計最早 2022 年 3 月就要開始加息，然後預期會加息 3 次，每次加息 0.25%，代表今年 Fed Fund 利率將上升 0.75%，相比原先年中才開始，而且只有兩次的預期來得更激進，現在美國央行還預期通貨膨脹可能相比疫情，對經濟的影響更大，緊縮消息讓全球風險資產價格也跟著下跌。

消息除了引致美股大跌之外，加密貨幣市場也同樣首當其衝，比特幣 BTC 價格之後最低一度見至 39,650 美元，連日跌幅近 20%; 以太幣 ETH 則跌至 2928 美元，連日跌幅近 30%。

別忘記，加密貨幣市場一直是全球市場的 ATM，2020年 3 月 12 日單日，BTC 便跌了 37%。

2020 年 3 月 12 日全球重要指數單日升跌幅比較：

名稱	升跌幅
比特幣 BTC	-40%
黃金	-2%
英國富時 100 指數	-10%
加拿大多倫多股指	-12.3%
富時新加坡指數	-6%
香港恒生指數	-3.6%
日經 225 指數	-4.41%
韓國 KOSPI 指數	-8%

資料來源：鈦媒體

由此可見，Fed 還沒有真正行動，市場已經作出如此反應，如果屆時真的加息，幣市價格會如何？加密貨幣市場是跟著 Fed 利率在走的，背後的大戶多是槓桿借貸來推動市場的運行。投資者認為，當局不僅是調升利率，更覺得具有威脅的是「縮表」，意味著不僅是停止購債，美聯儲還要把市場的熱錢收回。

2. 幣市大戶 Elon Musk 在 2022、2023 年財運面臨很大「破財」

眾所週知，Elon Musk 是 BTC 的大戶，在 2021 年 1 月買入 15 億美元的 BTC，(當然他隨後有多次減持)，但也聲言仍然持有 BTC，更是 DOGE、SHIBA 的支持者，他是幣市最大的 KOL。他的每一個關於幣市的言行都會撼動幣市。

不過，這位大戶在 2022、2023 年的財運將面臨很大的「破財」。筆者可以預見，屆時幣市將滿地屍骸，慘不忍賭。

3. 2023 年的流月天干地支，跟 2018 年熊市的天干地支一樣

流月干	甲	乙	丙	丁	戊	己	庚	辛	壬	癸	甲	乙
流月支	寅	卯	辰	巳	午	未	申	酉	戌	亥	子	丑

2023 年的中國八字流月，跟 2018 年熊市流月是一樣的。

2023 年，很多人的財運並不好。由於 2023 年的流月天干地支都很純，一柱到底，如甲寅、乙卯，如此類推，流月的力量較大。

而 2018 是熊市的一年，BTC 價格由年初的 17176 美元，跌至年底的 3349 美元，跌幅約 80%。可以想像，2023 年的幣市市場有多壞。

不過，投資者又不用太擔心，因為 2023 年是八運最後一年，而 2024 年是正式踏入九運的第一年，九運有利加密市場的投資，所以相信那年牛市沖天。

總括而言，我大膽地預測。在 2023 年底，雖然 BTC 未必真的會回到 $0 ，或者 Pizza 價，但很大機會跌到 1000 美元以下。

至於 ETH ，很大機會回到 100 美元元以下。

等這些主流幣跌到這麼低殘的時候，投資者再迎接 2024 年的牛市。相信，那時就是等待變成李嘉誠的機會了。

這也是普通人最後一次變成富人的機會了。像我前炒幣老闆說：「人生等待 2 次機會，便夠你發達。」

尤其 80 後，別埋怨上天沒有給你機會了。

12. 占星預測：2022 年金融市場預測（黃康禧師傅）

在 2022 年美國的春分盤中（3 月 20 日至 6 月 20 日），金牛宮中的天王星及北交點落入第十一宮，代表春季的金融市場會有華爾街大集團們在背後操控，這一季的操控會釀成他們對頭買家（散戶）虧損情況，而操盤會借助外貿、外地戰爭或外交問題來對抗加息。

這個盤以美國做重心，所以我們可以看出美方將會在春季上借助任何理由來打壓美國以外的金融市場，特別是中方金融市場，而令中方投資者或非美方投資者虧損。而金牛宮的守護星 - 金星落入水瓶宮，所以受影響的不止非美方投資者，就連科技項目、虛擬貨幣、NTF 市場亦會產生負面影響；

在美股市場交易上，雖然會有良好的表現，但會造成一季內
的資金上停滯不前。

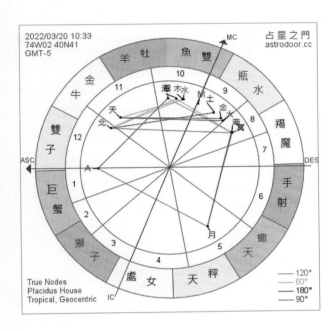

在 2022 年美國的夏至盤中（6 月 21 日至 9 月 22 日）金牛宮中的天王星及北交點還是落入第十一宮，代表夏季的金融市場仍是華爾街大集團們在背後操控，但這一季的操控不會釀成他們對頭買家（散戶）虧損情況，反而單純在外交或外貿上施加壓力；但這一次施壓無疑是美國總統的無理行為，因為太陽與月亮及木星相刑，代表總統會因為民主黨影響而負面自我膨脹。但對投資或金融市場影響不大。而金牛宮的守護星 - 金星回歸金牛宮，所以受影響的只是海外的科技項目、虛擬貨幣、NTF 市場造成一季內的停滯不前；但對美國本土的市場交易並沒有受到影響，反會有良好的表現。

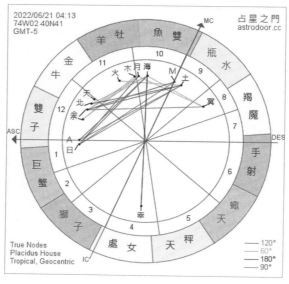

在 2022 年美國的秋分盤中（9 月 23 日至 12 月 21 日）金牛宮中的天王星及北交點落入第十二宮，代表秋季出現地下式的，或暗地裡在投資市場進行收割，而這一季的收割會對散戶們造成嚴重性虧損情況，甚至可能出現泡沫爆破或再一次「雷曼事件」，這一次的金融壓力是有可能來自於政府及美聯儲一同上施加壓力；而這一次施壓無疑是美國總統的無理行為，因為太陽與海王及木星相沖，代表總統的負面自我膨脹對華爾街進行沖擊及插手。而金牛宮的守護星 - 金星落入處女宮並受火星的壓力下，所以受影響會是衛生健康或餐飲集團的股票。

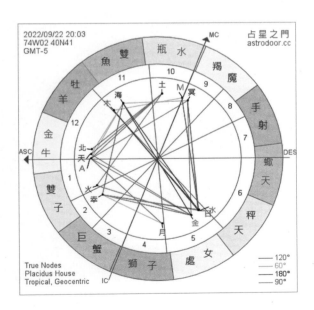

在 2022 年美國的冬至盤中 12 月 22 日至 2023 年 3 月 19 日）金牛宮中的天王星及北交點再一次落入第十一宮，經過上季的收割後，華爾街大巨頭們再開始操控市場；而在冬季中，由於美國大節已近，並且為了把第四季業績造好，會與各政黨或政府機構聯手合作，務求令市場交易及資金流動性得到最好表現，博取投資者們的信心；而亦由於疫情的減退或已經成為風土病後，全球將會通關或對外自由開放來吸引外地人仕投資及刺激經濟。而金牛宮的守護星 - 金星落入摩羯宮有良好的相合度下，所以在年底整個經濟會開始慢慢復甦，同時亦會帶旺不動產、大型企業或鐘錶業等。

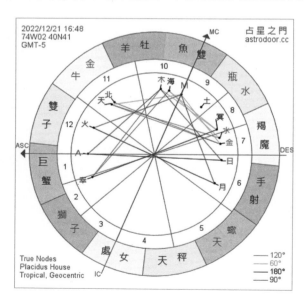

綜合整體來說在 2022 年全年金融市場或投資市場上還是會處於不利情況,在股市上會出現先跌後回升,全球經濟上會在後半年或年底才開始回復正常。能否在危機中得利,則要看個人的運氣及自身資源能否配合。

13. 占星預測：2023年金融市場預測（黃康禧師傅）

在2023年的春分盤中（3月20日至6月20日）金牛宮中的天王星、金星及北交點落入第九宮，代表著春季的金融市場會與外交政治關係互相影響，而這一季的影響會因為外交上的資金斷絕而做成金融市場的災難。而第七宮的太陽與第十宮的火星相刑，這意味著中美雙方的領導人會談或對話失誤，而產生貿易上或資金周轉上阻礙；但對於科技股或不動產沒有影響，唯獨短期性投資、金價或外匯率會有影響。

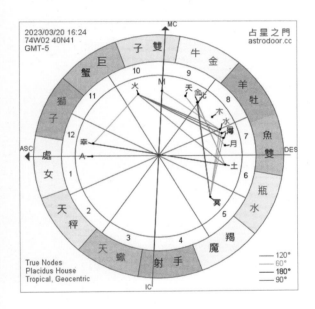

在 2023 年的夏至盤中（6 月 20 日至 9 月 22 日）金牛宮中的天王星、木星及北交點落入第九宮，代表著夏季的金融市場還是會與外交政治關係互相影響，而這一季的影響不再是外地資金問題，反而是美國自己本身的因果關係所累，在上一季的前因所造成。但慶幸的是在長期投資上會有良好的表現，而短期性或高風險的還是會有災難；同時間，在元宇宙或虛擬貨幣上會有戰爭或受到入侵可能。

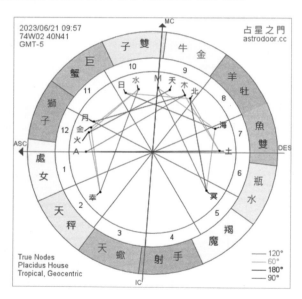

在 2023 年的秋分盤中（9 月 23 日至 12 月 20 日）金牛宮的天王星及木星落入第十宮，代表著美國政府會對金融市場進行插手，但插手項目會是對元宇宙、科技、虛擬貨幣想進行監察或想分一份。由於天王星與金星相刑情況下，科技股、虛擬貨幣及 NTF 市場還是處於一個壓力環境，會出現大上大落情況，但在投資方面來看，反而不是壞事。

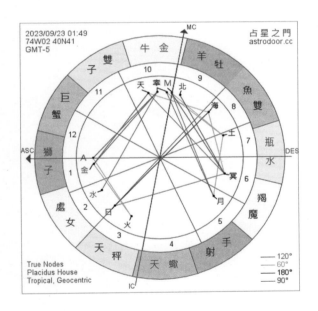

在 2023 年的冬至盤中（12月21日至明年3月19日）金牛宮的天王星及木星落入第九宮，代表著會與夏季一個樣，金融市場會回歸與外交政治關係互相影響層面上，但經過 2022 年及 2023 年前三季的洗禮，金融市場、虛擬貨幣、NTF、科技股等都將會帶上升的趨勢；在甲午旬最後的第十年的最後一季將會給大家一家美好的一季，引領大家正式進入 2024 甲辰旬的九運，天運及地運一氣之下，人類的科技將會有完善的躍進。

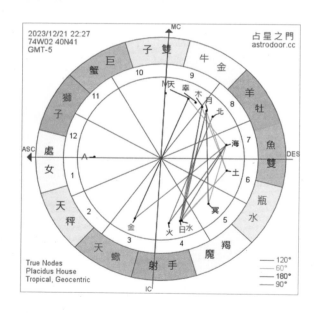

　　所以在 2022 壬寅及 2023 癸卯兩年整體來看，科技股、虛擬貨幣及 NTF 產品會有大概兩年的混沌期，而在這兩年間會有不斷的負面消息流出，以及政府或大財團會試圖左右市場發展；但在新的九運影響下，舊有將會被淘汰或同化，然後在未來 20 年虛擬將會生活一部分。因為可以在 2023年秋季開始準備入手市場，等到冬季開始虛擬市場會有更大上升空間。

14. 股神巴菲特八字分析（李應聰師傅）

　　承蒙 王小琛 邀請，在下分析講解美國股神巴菲特的八字結構，本人才疏學淺，謹將研究心得略筆於下，如有錯漏在所難免，還望各方有識之士，能不吝指教。

　　巴菲特生於 1930 年 8 月 30 日下午 15：00，出生於美國內布拉斯加州的奧馬哈，扣除當地夏令時間及經度偏差為 13：37 分，故為未時生人。其八字如下：

大運	2013	2003	1993	1983	1973	1963	1953	1943	1933
	84	74	64	54	44	34	24	14	4
	癸巳	壬辰	辛卯	庚寅	己丑	戊子	丁亥	丙戌	乙酉

時柱	日柱	月柱	年柱
49-64	33-48	17-32	1-16
正財	元男	食神	偏印
丁	壬	甲	庚
未	子	申	午
己 正官 丁 正財 乙 傷官	癸 劫財	庚 偏印 壬 比肩 戊 七殺	丁 正財 己 正官

八字解析：

　　巴菲特八字為庚午年，甲申月，壬子日，丁未時。八字是以日元為立極點，再看其他五行對它的生尅影響，從而判斷格局高低。巴菲特日元為壬水生於申月，壬水本質乃江河大海，生於申月乃壬水長生之地，生生不息，再加上日元坐下子水，乃壬水之帝旺位置，故壬水極強，有沖奔之勢，代表巴菲特性格內心承擔力強，有宏大的理想。

　　壬水生於申月，［申］五行屬金，透出年干［庚］金為偏印格。然壬水身旺不勞印星相生，故喜用［丁火制庚］為格局用神，此為［用財破印］格局。月令［偏印格］為專業

75

研究者之命格,透過［用財破印］去成就,代表其能力為透過買賣不同的資產去獲得事業成功及財富。月令申位為金水相生,一生五行重點緣份在此,而金水可以代表金融財經類別。

庚金要火制,必要用丁火而不用丙火,蓋因丁火為集中火力,丙火乃散發之熱力,以丁火制庚金,便有如頑鐵得火煉而成為寶劍之鋒。丁火必須配合甲木,才能源源不絕,甲木又必須見庚金之劈,才能引生丁火,原命局甲庚丁齊見,此乃庚金偏印格之最高組合,由此可知巴菲特的金融專業學問非常高明!

壬水身強,足以勝任財官,丁火財星跟日主壬水丁壬緊合,此為［財來就我］,代表其人生際遇會很容易遇上很多獲利機會,而巴菲特的性格亦十分喜歡計數,對價值投資很有心得,而非短線投機之徒,此乃丁壬合正財之故也。

命格用神為火,忌神自然為水,因水尅火故也。日支子水沖午火本為忌神,幸得時支未土緊制子水,此為有病得藥,格局無損,大運由乙酉運起,一路行至83歲天干皆無水破火,由此可見,巴菲特的原命格局除了十分高之外,其大運的配合亦得天獨厚。

2013年虛84歲入癸巳大運,此運癸水忌神出干傷丁火,故由此運起,巴菲特的基金雖然仍有增長,但他的投資

亦偶有虧損，例如曾投資的 IBM 更損手大賠 34% 出場，故之後開始有很多人認為巴菲特的價值投資法已經不太適用於現今市場。

在 2022 壬寅年，流年大運及原局三者形成［寅巳申］三刑大兇之局，而 2023 癸卯年乃大運轉角交接亦為忌神出干之年，加上巴菲特年事已高，這兩年恐怕將是他的生命關口。

無論如何，巴菲特的投資成績，可以說是前無古人，亦是眾投資者的學習對象。

李應聰師傅

分析於壬寅年初春

15. 行姐單嘢預示銀行衰落？

相信讀者最近一定有留意行姐說被銀行騙光了 3000 萬元事件，因經銀行經理不良的手法，而買了保險單，卻幾乎把所有金額虧蝕。由於那單新聞已經家喻戶曉，筆者就不詳述。但無可否認，銀行業已經變得不可靠。

不知道大家有沒有買我本《ELON MUSK 噴射追捧加密投資中虛的誘惑》的著作。因為我說過九運離火運，將不利銀行業（屬金的銀行業、保險業、證券業。）

為甚麼銀行都會售賣保險公司的產品？ 因為真的沒有利可圖呀。

新冠病毒一役，銀行表示，按揭的客戶可以還息不還本

18 個月。請問，這 18 個如何支付各銀行的員工支出、燈油火蠟？

（不過，題外話，由於美國進入加息週期，加息很大機會有利返銀行業，但是不是遠水不能救近火，讀者們自行分析。）

早前又看到有 KOL 轉發一封銀行員工的信：

恒生銀行零售銀行高層強逼客戶經理欺詐客戶，為強行推銷某類保險產品，推出現金「利是」回贈客戶經理，及打壓前線員工。

致親愛的金管局部門、傳媒、恒生銀行高層及客戶：

我們是港島總行區 HKM 分行的前線客戶經理，請原諒我們要保住飯碗，不能光明正大的公開指控，惟公司鼓勵員工在工作遇有不公時要馬上指出，而最近亦有爆出「行姐」事件，為免再有客戶成為下一個「行姐」，因此我們選擇不具名舉報。

1. 我們區主管 Area manager XXXXX 在管理有嚴重問題，為了打入恒生營銷額十區排名頭三，嚴重違背公司和金管指引，在區會要求所有前線銷售同事集中火力推銷退休年金和退稅年金產品，更以現金「利是」作利益引誘，凡每張利潤港元

10萬以上的上述保單,公司會派發現金「利是」港元1000元給銷售同事,數量無限,而且保單的營業額越高,「利是」金額越高。以利誘同事妄顧客戶需要,強行推銷。

2. 恒生銀行對外及向金管局聲稱 No sales target,為此在今年第二季設計出一個前線員工的新 KPI 以釐定季度分成和年終表現。在新 KPI 框架下,銷售表現只佔整體表現的 16%。但實情在分行主管和前線員工的內部溝通中,言明新 KPI 是沒用的,因為另有一個不透明的入閘機制 (gateway),銷售表現不理想的同事,會被主管千方百計排除在外,因此新 KPI 只是紙老虎,實情是前線員工的所有表現都是建基在銷售額之上。由此可見,在系統上我們為保飯碗,根本不可能站在客戶角度出發。我們被逼為客戶「度身訂造」財務需要分析以達到銷售目的和避過監管,從結果(客户保險缺口)去反推中間的客户收入和支出。所謂財務分析、全部都是亂做,為做生意而做生意。公司對客户聲稱所有投資及保險產品從客户出發,實在是強迫前線同事向客戶誤導銷售。

3. 公司聲稱所有前線銷售同事沒有 Sales Target,但一月又有 jumbo start,除了上述的利誘外,高層也會用鐵腕手段每天高壓逼迫同事。每一星期兩次的全區銷售會議和每天,每半天的銷售經理「問候」,每分每秒都是銷售數字。每個月、每一星期交未來一個月和未來一星期的 sales pipeline 作

出賣出產品項目和利潤預期，試問連客戶都未見到，又怎能作出以上預測，這証明根本分區高層完全不顧客户意願和需求，完全不是所謂的「customer needs based」，而是「sales oriented」。將原來 KPI 的 16% 無限放大，令前線人員壓力極大，變相強迫前線同事向客户誤導銷售以求達到銷售額。

我們希望公司可以向各區高層了解，希望尊重每一位同事，我們是真誠希望服務客户，希望客户用我們合適的理想方案去達成人生目標才做這一份工作，而不是為了公司區內排名，業績而「造數」、「殺客」，我們不想再有下一位「行姐」。

希望公司可以正視相關問題，撥亂反正，要求所有管理層跟從公司指引。也請各位客户在公司改正前切勿相信恒生銀行客户經理銷售的任何產品，助長不良風氣。最後，如果公司沒有作出回應，相關資料及錄音會在稍後向傳媒、金管局公開。

一群 HKM 同事上

以前筆者常常聽到細行（小型銀行）要 SELL 單，現在連大行（大型銀行）都要 SELL 單。我不知道讀者們有沒有做銀行業的，但還是學多種技能，以備不時之需。

新畢業生的話，如果要加入銀行業，就要考慮清楚。

16. 財務自由的人在看甚麼市場？

　　早些時間，太多谷友 PM 我，但不是問幣市，而是問港股。

　　1.「TVB 真的很低殘，現在買入好不好？」

　　2.「我剛在 XXX 元買了 700。希望可以有賺。」

　　面對這些問題，我都不知如何回答，因為很久沒有研究港股。自從 2021 年下半年，港股把我的 MPF 年回報由年初有 20% 的盈利拉平以後，壓根兒不想再看港股。

　　唯有直接說：「我已經沒有看港股很久了。」

　　那麼財務自由的人在看甚麼市場？

　　坊間有很多財務自由的人，除了「供成」以外，還有

很多個。

幸運地，其中一個財務自由的人做了我會員。筆者自問比起他，自己真低班很多，不過我發現這些人都很喜歡聽人意見。即「聽下係乜都好」那種感覺。

好，他看的市場包括有：

1. 幣市

相信這個沒有人異議了，他玩得不算很早，但 2020 年那轉趕正幣市牛市，所以也大賺了一筆。可能，他已經 40 多歲，已經知道市場有升，也一定會有跌，所以想向我了解甚麼時候有大跌吧。

他就是說：「只要你幫我避過跌浪便可以。」

(不過，筆者先此聲明，幣市將在 2022 年和 2023 年會跌到死人淋樓的，筆者預計，最低跌到只餘現價的 10%。當然，過後便會明媚風光，但散戶也不要亂衝入市場！ 這是我要千叮萬囑的！不要隨便說：「那個王 XX 叫人入幣市便財務自由！」)

2. DEFI(Decentralized Finance) 和 NFT 項目

其實他常常說，真正讓他賺錢、有被動收入的是 DEFI項目。

不過筆者先此聲明，這些項目風險也挺高。雖然他有大

賺過，但也試過有項目捲款逃跑，引致他那個項目 TOTAL LOSS。幸運的是，他有其他項目 cover 返，這個他有計過數的，所以不了解 DEFI 項目的讀者，不要亂入市場，因為他也跟筆者說過，他交了不少學費的！

他錢多，又膽大，當然可以這樣做。但筆者兩者皆無，所以情願安全一點了。

（所以筆者再三叮囑，沒有研究，不要亂盲目進入這些市場。）

3. 美股市場

這位財務自由的會員說過，當他賺到一定數額的金錢後，便會回歸美股市場。相信這個不必多解釋。如果發生股災，環球所有市場都一定有股災。但哪個市場較強大，復原能力最快，根據過去那 10 年 20 年的歷史告訴我們，必定是美股無疑。

其實筆者研究美股（雖然不算深入），已經很遲了。

數年前，筆者跟美股隊長大弟子 Keith 吃飯。我還跟他說 700。

他跟我說：「其實美股至少有 10 間『700』。」

現在回想起來，他當時對我的感覺就像，早幾天我對那些問我港股朋友的感覺吧。

反正，港股之後重上 30000 點也好，我也不會再看港股了。因為我相信美及和幣市吸引很多。當然前題是你要避到幣災。

2024 年，是改變人生的最後一次機會了，尤其 80 後。如果下次轉運，都近 60 了，那時還跑得郁嗎？

17. 2024 年，你買豪宅都得啦！

跟朋友出去食飯，又是離不開買樓的話題。(真的是典型香港人！)

朋友說：「我想買樓多 D，好多人都說會跌。」

沒錯，2022 年和 2023 年都是經濟大衰退，相信屆時各個股市市場、樓價一起跌！而 2023 年會跌得比較恐怖一點。

現在谷友不時已經 POST 樓市蝕讓的個案，有些更蝕成數百萬。(當然這些底價也不低。) 現時一般報章報道的二手樓買賣成交，業主都已經願意減價 5 至 10%「走貨」。

我回答：「其實今年 (2022 年) 只是開始，明年 (2023 年) 全球一鑊熟。」

但是，為甚麼我說等埋 2024 年才好買呢？因為 2024 年是正式踏入九運離火運的第一年，幣市也會迎來牛市，屆時即使主流幣 10 倍 8 倍，也很正常吧。樓價會突然暴升 10 倍嗎？

為甚麼不賺埋這一轉先呢？

所以我的結語是：「等埋 2024 年先，你買豪宅都得啦！」

2023 年，樓價跟街市的菜一樣便宜

筆者執筆時，看到這則新聞，因此相信樓會只會愈來愈便宜，分分鐘跟街市的菜一樣便宜。

【業主趕移民：麗城三房 618 萬沽 平過兩房】

三房平過兩房！

// 業主趕移民，往往不惜以平價出貨，同類放盤樓價跌勢更急。荃灣麗城花園套三房單位，劈價至 618 萬元沽出，做價平過兩房戶之餘，成交呎價跌穿一萬元，屬近一年新低。

中原凌活忠表示，上述單位為 1 期 2 座低層 E 室，實用面積約 644 方呎，叫價 700 萬元，原業主因為趕移民，加上見疫情嚴峻，減價 82 萬元後獲上車客承接… //

筆者預計樓價將會大跌原因如下：

1. 大量有港人移民外地：

不論英國、台灣，都有不少港人移民。根據媒體資料顯示，2021年逾 1.1 萬港人獲台居留許可，連續兩年創新高。

《東方日報》的資料曾報道，台灣的移民署近日發布最新統計數字顯示，去年(2021年)有 11,173 名港人獲居留許可，較前年的 10,813 人增加 360 人；去年亦有 1,685 名港人獲定居許可，較前年增加 109 人。上述兩項統計，均打破歷來紀錄。

而這只僅是台灣的數字，未有英國、加拿大等資料，可以預料不少港人賣樓移民。

2. 投資市場不景氣

基本上，投資環境同樣影響樓市，「股樓齊升」便是這個道理。不過，2021年港股的投資氣氛大家有目共睹，簡直一潭死水。

而最重要問題是，2022年及2023年的投資市場更為血淋淋的，因此，相信樓價更不好過。

3. 供應量持續穩定：

根據 2022 年 2 月 10 日的《經濟日報》報道，私人住

宅落成量創 7 個月高，2021 年 12 月錄 1,762 伙，按月升
36%，統計 2021 年全年則錄 14,386 伙，按年挫 3 成，只達
全年目標 8 成。

由於新的私人樓宇不斷建成，投資者可能情願購買新
樓，在 Demand Supply 的理論下，樓價持續下跌都正常。

4. 將進入 9 運離火運

香港房地產市場在過去 20 年，價格如此高昂，乃因為
八運的艮土主導，以致樓價高企不下。

不過，離火九運在 2020 年入氣，2024 年正式進入九運，
由金為主導的金融業，必然受到最大受影響，而以土性為主
的房地產則退居次位，雖然未至於衰退，但很大可能有一個
明顯的調整。

18. 如何補財庫：天時、地利、人和

　　以前筆者最喜歡問身邊的玄學朋友：人的命數是否定了？不可以改變了？如果我先天的財運很差，那是否一生便玩完了？

　　有一位風水朋友回答說：「如果是定了，那要醫生來做甚麼？」

　　今篇文章，我也說一下如果命中真的不濟，如何改善自己條命？當然，除了先天的命數外，後天的努力也很重要。如果別人付出了 100% 的努力，你願意付出 200% 的努力，相信底子差極有限。如果自問已經努力過了，相信還可以用天時、地利和人和去改善命運。

（另外，多做善事，請讀者拜讀《了凡四訓》的故事。）

1. 天時

天時有很多種。不過我想說的是八運轉九運，即 2024 至 2043 年。正如小米創辦人雷軍名言：

「在風口上，豬也能飛起來。」

如果讀者有讀過我上本著作《ELON MUSK 噴射追捧加密投資中虛的誘惑》，都知道 2024 年後的九運有利加密貨幣、虛擬事物和虛擬世界（metaverse ？）

另外關於電的東西如電動車（如 Tesla），妝容美麗的事物等等。

而 2020 年的九運入氣，也令到 BTC 由 3XXX 美元，至年底至的 30000 美元。

不過先此聲明，2022 年和 2023 年的加密貨幣投資及各金融市場相當慘淡。這是筆者必須強調。如果能避開，已經叫「修補漏掉的財庫」。

雖然如此，希望筆者可以帶你們避過幣災，在熊市搵食。

2. 地利

香港真是一塊福地。這是筆者最感恩。

例如兩個一樣命盤的八字，如果分別出生在非洲和香

港，相信際遇發展已經大大不同。這便是地利的問題。

不要說非洲和香港這麼極端。即使筆者想矢志發展 youtuber，但北京朋友竟然跟我說：「在北京，要翻牆才能看到 Youtube。」如果我身在北京，要跟世界接軌，難度又大了一點吧。

筆者不敢批評去外國移民的人的境遇將如何。

不過筆者有位玄學朋友，都有不少捧場客。

他說：「我手上去移民的客人，之後的運程都不太好。反而，留在香港的客人，會諗方法搵食，算是不錯。」

3. 人和

筆者想分為 3 種：

1. 你需要在各個領域，都有一班朋友，（最好都是高端圈子），而他們願意分享自己的知識給你，這樣你才會走得更快。

一個健康的圈子應該每日都令你有正能量、有 inspirations，令你有動力去繼續做事，如果你的圈子／身邊的人只會帶給你煩惱／負能量，那還是建議你離開。如果你及早選擇了健康的圈子，可以遠離負能量和負能量朋友的話，相信運氣也好一點。

以我為例，雖然我只是懂玄學看市場走勢，但就吸引到其他擁有其他知識的幣友，他們精通 Defi、幣圈各幣等知

識，我有甚麼不明白，就問他們，而他們也樂意分享他們懂
的知識，效果更是相得益彰。

至於玄學方面，也是因為有一些玄學朋友可以讓我問問
題。

阿里巴巴之所以成為科技公司龍首之一，都是因為馬雲
當初集合了 18 羅漢。

你的圈子有多大，你就能走多遠路。

2. 所謂家和萬事興。

筆者的媽媽是每天都嘮嘮叨叨的人。而朋友就說過：
「我媽話，成日（常常）家嘈屋閉，財神爺都不走進你門口
啦！筆者聽到這句時，也頓時覺得有道理。

所以，與家人保持和睦的關係，也是重要的。

3. 永遠記住，人脈等於你的機會。

你想做事成功，千萬別想著自己要多努力。而是應該想
如何令到別人來幫你成就大業，這個貴人來自哪裡？

筆者認為，除了先天主動幫自己的貴人外，（這都是上
輩子積下來的），後天貴人需要自己建立。不過，後天的貴
人卻是得來不易。很多時候，做生意的成敗，都是源自別人
推薦的客人，即 Referral。

貴人，就是你先幫助的人。

如果有看筆者上本著作《ELON MUSK 噴射追捧加密投資中虛的誘惑》。筆者提到一位朋友向我訴說如何賺取第一個 100 萬營業額的故事。

以下是概括了那篇文章的內容：

「我第一個 100 萬營業額是這樣賺回來的！」眼前的 Roy 在十多年前，曾經在內地經營紙品製廠，我最喜歡聽人家的創業史。

Roy 娓娓道來，當時初出茅廬的他，有一個客戶出價很低，「那單生意真的成本價接做，一毫子也沒有賺過」。不過，他考慮到公司的口碑，及日後的發展等，於是硬著頭皮接下了這單「白做一場」的生意。

他憶述那位客戶可憐兮兮地說：「他跟我說很多次，我真的沒有多餘的錢付給你，你就幫我做吧。」Roy 終於答應，後來那位客戶便引薦了 Roy 給他的同行，促成了第一個 100 萬的生意營業額。」

你不需要跟每個人都要很 close，但真的你的心胸有多大，世界就有多大。多幫助別人，廣交朋友，也是這個意思吧。

還是老掉牙的問題。記得筆者在一個座談會上問聽眾：「如何跑 400 米最快？」

有人回答我：「10 個人跑咪最快囉。」

其實，當時筆者心裡的標準答案只是 4 個人。看，是不是多個人多個新思維？

19. 如何挑選潛力幣：公鏈幣

正如之前著作所說，幣圈的幣有成千上萬種，加上各幣發展一日萬里。讀者們該如何挑選有潛力的幣種？即使幣圈有分類，但其實 metaverse 類、Game Fi 類等，真的眼花繚亂，如果讀者沒有太多時間，那就研究公鏈幣吧。

公鏈相當於股票中的「公用股」吧，這樣的比喻，相信投資者會容易理解得多。相信不少公鏈幣都希望能成為下一個 ETH。

以下文章獲得「區塊客」授權轉載：

洞察新興公鏈生態的潛力項目：

哪類協議有「異軍突起」之勢？

撰文｜蔣海波

　　隨著流動性激勵的變化，BSC、Polygon、Heco 等公鏈出現資金外流，而 Solana、Avalanche、Terra、Fantom 的總鎖倉額（TVL）經歷了快速上升。回顧 BSC 等的發展史可以發現，在公鏈 TVL 的快速上升中，更可能出現機會，因此本文嘗試在總結公鏈項目的過程中發現潛在的機會。核心提要：

- Solana 生態中的借貸類項目仍處於起步階段，Larix 和 Port Finance 都只有 3 億美元左右的總存款，市場份額存在較大增長空間。而前期估值過高的 Parrot Protocol 等項目，在價值回歸之後，2 億美元左右的總市值可能存在機會。Solana 上的收益聚合類項目較多，這會造成 DeFi 中 TVL 的重複計算。

- Geist Finance 的上線彌補了 Fantom 借貸協議的短板，並為整個 Fantom 生態帶來大量資金。DEX 中 SpiritSwap 和

Beethoven X 的快速發展與 SpookySwap 形成競爭。

- Avalanche 生態中，Aave、Trader Joe、Benqi 等借貸和 DEX 類項目吸引了大量資金，整體發展較為均衡，已經能滿足用戶加槓桿以及交易的需求。而緊隨其後的 Olympus 仿盤 Wonderland 也以達到 7 億美元的 TVL。

- Terra 生態中，Anchor 和 Mirror 分別吸引了 35 億和 13 億美元資金，流動性質押協議 Lido 在以太坊上取得成功之後，將業務擴展到了 Terra 中，也吸引了 25 億美元的資金。而 Terraswap 在沒有發行治理代幣的情況下，已經吸引了超過 11 億美元的 TVL，且成為潛在空投項目中 TVL 最高的一個。

- Aave 在部署到 Polygon 和 Avalanche 上之後，都迅速搶占了最大的市場份額，當前正發起提案，準備部署到 Fantom 上，可能對 Geist 造成衝擊。類似的項目 Curve、SushiSwap、Lido、Abracadabra 等可能會隨著多鏈生態的發展進一步鞏固自己的地位。

- 隨著多鏈生態的發展，原有的跨鏈類項目 Anyswap、Ren 等跨鏈橋有了更多的用處，Hop Protocol、Connext、Biconomy 等 Layer 1 與 Layer 2 間的即時跨鏈工具也可能迎來機會。

Solana

Solana 是不依賴於以太坊虛擬機（EVM）的高性能公鏈中表現最好的一個。當前項目中 TVL 較高的項目均為 DEX 和收益聚合類項目。

借貸 Saber 是一個專注於同類資產交易的 DEX，當前獲得了 Solana 生態中最多的 TVL。 Saber 的機制與以太坊上的 Curve 類似，但是 Curve 主要以穩定幣為主，而 Saber 中穩定幣只佔一小部分，當前流動性最多的是 mSOL/SOL，mSOL 是將 SOL 質押在 Marinade Finance 中得到的流動性代幣，其次為 Wrapped Bitcoin（Sollet）/renBTC。當前，Saber 中的流動性池還都局限為兩種代幣，暫時沒有三種及以上代幣組成的流動性池。 Sunny 則是與 Saber 深度綁定的收益聚合類項目，質押 Saber 的 LP 代幣進行挖礦，可同時獲得 SBR 與 SUNNY 代幣獎勵，它們的數據一般同步變化，近期有所下降。

Serum、Raydium、Orca、Atrix 也均為 DEX，Serum 是主打高性能的訂單簿 DEX；Raydium 既包含訂單簿，也有 AMM DEX，可以向中央限價訂單簿提供鏈上流動性；Orca 則是一個通用 AMM DEX，Atrix 是基於 Serum 建立的 AMM DEX。

借貸協議在 Solana 中佔據的份額很低，SolFarm 作為一個收益聚合平台，除了支持幾個 DEX 中的 LP 代幣進行挖礦之外，也提供借貸和槓桿交易的功能，但用於借貸的總存款不足 2 億美元。Larix、Port Finance、Solend 都是 Solana 上專注於借貸的協議，但當前 Larix 和 Port Finance 的總存款約為 3 億美元，Solend 的總存款約為 2 億美元。相比其他生態 Solana 上的借貸協議中並未出現龍頭項目，如 Fantom 上 Geist 的總存款超過 60 億美元，Avalanche 上的 Aave 總存款超過 30 億美元，Terra 的 Anchor 中包含 18 億美元的 UST 存款和 29 億美元其它抵押品。當前，整個市場應當還有 10 倍以上的增長空間，可以考慮提前佈局。

可以看到，Solana 中 DeFi 樂高的堆疊非常嚴重，如基於 Serum 建立了 Atrix，Atrix 本身並沒有發行代幣，而為了激勵 Atrix 的流動性出現了 Almond，在 Almond 中用 Atrix 中的 LP 代幣進行挖礦，Almond 自身的代幣 ALM 公平發放。而 Atrix 中又支持用 ALM-USDC 交易對挖 Serum 的平台幣 SRM，三者形成閉環。

Terra

從 LUNA 和穩定幣 UST 開始，Terra 逐漸形成了一個完整的生態。首先，團隊將 UST 帶入現實購物中，保證了

UST 與 LUNA 的作用。然後團隊開發了超額抵押 UST 進行鑄造股票等合成資產的 Mirror，率先實現了股票類合成資產的去中心化鑄造和交易，鑄造的資產稱為 mAsset。專用於 UST 借貸的 Anchor 的出現又鎖定了大量 UST 存款，以及 Terra 生態中的其它代幣作為抵押品，提高資金利用率。

借貸 TerraSwap 雖然還未發幣，卻也吸引了超過 11 億美元的 TVL，且成為潛在空投項目中 TVL 最高的一個。TerraSwap 可幫助 mAsset 的交易，也可實現 Anchor 中 bLuna 的快速退出，否則退出過程需要等待 24 天。

Terra 生態中更加通用的借貸協議 Mars Protocol 也將要上線，屆時生態中的代幣將會有更多的機會參與借貸，也無需通過購買的方式來借入其它資產。

Avalanche

Avalanche 在改善了跨鏈橋，並推出流動性激勵計劃之後，也迅速佔領市場。

借貸早期上線的 DEX Pangolin，在 Trader Joe 上線之後，逐漸喪失競爭力。早期的借貸協議 Benqi，也在 Aave 部署到 Avalanche 之後，失去大量市場份額，現在 TVL 約為 Aave 的一半。Trader Joe 被設計為結合交易與借貸一體的一站式平台，在借貸功能上線後，TVL 繼續快速增長，

進一步削弱了 Benqi 的市場佔有率。

Olympus 在 Avalanche 上的仿盤 Wonderland 也成為吸金能力最強的項目，為用戶帶來數十倍的收益，截至 10 月 14 日，Wonderland（TIME）的市值已經達到 8 億美元。Olympus 作為新一代 DeFi 的龍頭，流通市值高達 35 億美元，而這一切從零開始不過半年多時間。從 Fei Protocol 開始，已經有人意識到協議用代幣激勵的方式吸引流動性的弊端，這些流動性並沒有忠誠度，總會流向收益更高的地方，因此 Fei Protocol 提出了「協議控制價值」的概念。Olympus 在這一基礎上繼續發展，當前 OHM 的流動性幾乎全部由協議控制，可以減少市場波動中流動性撤離的情況，同時在下跌中還可以動用協議資金回購，逐漸衍生出「流動性即服務」的概念。

Fantom

Fantom 是參與門檻較低的公鏈，FTM 可以直接從交易所提現主網幣到 Metamask 錢包地址，穩定幣也可以通過 Anyswap，從 BSC 幾乎零成本的跨鏈到 Fantom，最高收費僅 0.9 美元。

借貸 Anyswap 也已成為最通用的跨鏈橋，支持 20 條鏈上的 706 種資產，鎖定有超過 49 億美元的資產。因為

Andre Cronje 在 Fantom、Multicoin.xyz、Anyswap 之間的關係，Anyswap 也成為跨鏈到 Fantom 的主要途徑。

　　Fantom 因為 Geist Finance 的突然崛起，補足了在借貸上的短板。在 Geist Finance 上線之初，由於 TVL 較低，早期「農民」只需要進行常規的借貸操作，即可一天獲得幾倍的收益，隨著 GEIST 代幣產量的增加，與高點相比，GEIST 已下跌超過 90%。

　　SpiritSwap 在近期 TVL 上升之後，給了用戶交易更多的選擇，擺脫了 SpookySwap 一家獨大的局面，Balancer 仿盤 Beethoven X 也帶來了短期挖礦機會。

　　Abracadabra 的穩定幣 Magic Internet Money (MIM) 流通量已經接近 15 億美元，在部署到 Avalanche 和 Fantom 之後，給這些公鏈帶來以去中心化發行的穩定幣。 MIM 和 DAI 一樣，通過超額抵押生成，但 MakerDAO 中 DAI 的抵押物為 ETH 等底層資產，而 Abracadabra 中 MIM 的抵押品則為生息資產，如 Yearn 中存入 USDC 後得到的 LP 代幣 yvUSDC，在獲得 Yearn 中收益的同時，可以抵押 yvUSDC 鑄造 MIM 參與流動性其它流動性挖礦，或者賣出 MIM 繼續在 Yearn 中存入 USDC，實現槓桿挖礦。

小結

Solana 生態中的借貸協議存在較大的增長空間，穩定幣等項目在經歷了市場的大幅回撤之後可能存在機會；Fantom 中近期出現了多個投機性農場，早期參與的機會較多；Avalanche 的整體發展較為均衡，Olympus 仿盤 Wonderland 等也帶來了機會；Terra 生態中還有多個重磅項目等待上線。

資料來源：https://blockcast.it/2021/10/17/the-battle-of-defi-amm-protocols/

不過，小琛再三提醒一下，2022 年和 2023 年的的幣市將會跌到屍骸遍野，潛力幣也沒有用，屆時要小心看守倉位，最好空倉為主。

20.FTX + FTX PRO 組合：靈活出入金及活期虛幣戶口

Kyle Lai

如有留意加密貨幣交易所，應該都曾聽過或使用 FTX，FTX 於 2019 年在香港成立，短短兩年時間成為全球頂尖交易所之一，按 coinmarketcap 數據顯示，FTX 交投量僅次於 Binance 和 Coinbase Exchange。而 FTX 在創辦人 Sam Bankman-Fried 的領導下發展迅速，亦有透過收購其他公司加快擴展業務，其中一間是 Blockfolio（現稱為「FTX App」）。

FTX PRO 及 FTX App 都是筆者的常用工具，FTX PRO 出入金穩妥低成本（如有質押指定數量 FTT 幣，基本上可以零成本出入金及轉出加密貨幣），而 FTX App 則有

如加密貨幣活期存款戶口，只要是 FTX App 支持的幣種，即可享有不低於 5.1% 的活期年利率（如存款總值不多於 10,000 美元，則為 8%），是存放備用資金的好地方，只是存入美元來賺取利息也不錯，至少能獲得比銀行高很多的活期利息收入。FTX PRO 與 FTX App 之間可進行即時、零手續費的轉帳，用戶可靈活運用兩個戶口，筆者通常會把備用的美元及虛幣存放在 FTX App 賺取利息，希望買賣虛幣時則會轉帳相關幣種到 FTX PRO 作交易。

實際操作：

一、入金

FTX PRO 接受銀行匯款（Wire Transfer）入金，透過任何可以海外匯款的香港銀行匯出即可，筆者一般使用花 X 銀行直接匯出美元到 FTX PRO 帳戶，詳情可參閱 FTX PRO 轉帳頁面的指示，請緊記使用與註冊帳戶同名的銀行戶口進行轉帳，通常 1 至 2 個工作天即會到帳。

二、轉帳到 FTX App

由於 FTX PRO 把幾種穩定幣如 TUSD、USDC、USDP、BUSD、HUSD 視為美元等值的虛幣，所以在 FTX PRO 及 FTX APP 之間轉帳可透過提存 USDC 穩定幣實現，

如希望從 FTX PRO 轉帳到 FTX App 以賺取上述的活期利息，首先可在 FTX PRO 選擇提幣，然後選擇 USD，然後會看到可透過幾種穩定幣提取美元，在此頁面選取 USDC 後可輸入所選幣種在 FTX App 上的存幣地址（在 FTX App 按「存款」，選擇 USDC，即可找到 SOL 或 ERC20 地址），複製 FTX App 顯示的存款地址後，回到 FTX PRO 的提幣頁面貼上地址並按指示完成提幣即可。

21. 慘了！朋友一定變韭菜了！

話說，有兩個朋友的說話，讓我覺得，他們都很容易變成韭菜。

第一個朋友：甚麼時候都想著要買貨。

2021 年 12 月初，幣市有一次大跌，ETH 由 46XX 美元左右，一下跌到 35XX 美元，雖然隨後有反彈，朋友 C 想在 42XX 美元左右買貨。

他說了一句：「不買貨。心裡很不舒服。」

我想阻止他：「你還是等等到月中。」

然後，他當然沒有，最後在 42XX 美元買了 ETH。ETH 價格最後又掉下去了。之後的 ETH 最低大概 36XX 美

元左右，更是沒有重回到 42XX 美元。雖然我不知道這位朋友最後有沒有止蝕，不過試想想，一下子由高位跌下來，很大機會要完成一個跌勢的，散戶實在不適宜追高。

不過，反而是朋友 C 的那句說話，讓筆者覺得他容易成為韮菜。因為我相信，成熟的投資者會想的是，「我甚麼時候適合買貨。」而不是「我一定要買貨」的心態，這樣會很易墮入大戶的陷阱。

第二個網友：「我只想贏錢，我沒有想過輸。」

這位網友說的話又是嚇死我。當時幣市市場氣氛熾烈，不過，我不認為是一個追高的買入點。這位幣圈網友小白，說想進入幣圈市場玩玩。

我說：「你現在高追，輸的機會很大。」

誰知道他竟然說：「我只想贏錢，我沒有想過輸。」

如此沒有風險管理的散戶，看來一定成為大戶點心了，他們的想法超級危險，看來要多交幾次學費，才可以在市場贏錢了。

不論是第一個朋友，還是第二個網友，不要單說幣市，他們都很容易在投資市場上蝕錢。原因是，成熟的投資者想的是：「我甚麼時候適合買貨。」 而不是整天只想著：「我要買貨！我要買貨！」你腦袋想甚麼，決定你是不是韮菜。

在幣圈的世界裡，最需要的是：「耐性！耐性！耐性！」

坐在你電腦熒幕對面的大戶，耐性一定比你強。

雖然我是用玄學去看虛幣市場，但也要用成交量，圖表等等去決定買不買，或者賣不賣。此外，我也有帶著我的會員炒幣，(雖然不是合約，只是現貨。) 可想而知，壓力非常大。因為如果他們虧錢，比我自己虧錢更心痛！

這裡，我分享我自己一些炒幣的心得。

第一、永遠不高追：可能不是每一個人都合適。（因為可能有些人就是靠追高來賺錢）。但不高追，是我自己減少風險的一個選擇。因為我真的不想做韭菜，也不想做大戶點心。很多時候，就在你以為還會升的時候，大戶就會先行獲利。

第二、不能 ALL IN 一隻幣，組合最好有 Eth 或 BTC 做對沖：就算買錯了幣，有 Eth 或 BTC 也不會使整個組合全都大大地虧損。

第三、盡量買在最低點：幣市真的太波動了，小幣一天也可以來回 20% 的波幅，真是神經病。所以最好選成交量最大的幣種，然後等它一個跌勢的形勢以後，才買幣。別在幣市開始跌一兩天時，便衝進幣市，那是非常的危險。

最後，筆者還是覺得風險管理最重要。筆者強調，2022 年和 2023 年的幣市都相當風高浪急，沒有一定投資經驗的散戶，最好不要進場，否則就會成為報章上輸身家的主

角們。

　　如果是幣圈小白，還是等到 2024 年初才進場吧，因為幣圈比其他投資市場更容易跌到屍橫遍野。

22.X 師傅今時今日這樣的思維，還可行的嗎？

筆者不敢公開批評坊間的玄學師傅，前輩們都是有料之人，而晚輩仍在學習階段。

不過，筆者無意間看到一位香港三大玄學家之一的 X 師傅的一段訪問，雖然該段訪問在早年前的，但也不太遠，實在感慨，這些思維實在害死香港人！

該訪問截錄如下：

「X 師傅：把握香港最後十年，他所說的是堪輿學上，香港由 2014 年開始，只剩下 10 年地運。10 年後，即 2024年，香港的運氣將會停下來，面臨發展停滯的階段，情況就像歐美和日本一樣。而由於香港與中國行同一地運，所以中

國也將面臨相同狀況。

『每個城市總有起有跌，10 年後我都唔知會發生咩事，要到時先計，所以大家叻就搵埋呢 10 年錢，勤力一些。』他強調香港增長減慢，不代表會完全衰落，基本的謀生能力仍有，但像過去的高速發展就未必會再出現。

『宏觀一點諗，香港有咩出路先？旅遊又唔掂，仍然靠金融、專業服務，經濟點再起飛？誠信對香港好重要，但依家連香港人都呃香港人，好似你去電訊公司續約，十間有九間呃你，無買的產品又硬塞給你，優惠過期又唔通知就每月繼續收你錢，以前香港做生意邊係咁。』X 師傅對於近年科網創業潮亦大潑冷水，認為香港沒有工廠、市場又細，期望寫 App 發達的人根本在發夢，『成日話北上發展，連我本書都入唔到大陸，你點入呢？你唔鍾意大陸人，佢哋一樣唔會睬你。』

2013 年習近平上台後，X 師傅的運程書便因被指鼓吹迷信，而禁止於內地出版，他亦接受不了內地文化，已十年沒有回內地睇風水，『我已百分之百同李嘉誠一樣（不靠攏內地），我已無返大陸 10 年，唔做佢哋生意，除非香港有一日變成大陸一樣，咁我就無辦法了。』

他覺得近幾年香港變化最大是政治環境變得很差，『我最敢大聲鬧嘅係董建華，連曾蔭權都唔好鬧啦，現在呢個更

加千祈唔好講，我已經唔出聲啦，任何政治嘢千祈唔好訪問我。」明年特首選舉他亦沒有心水，因為香港由 2016 年至 2021 年將踏入經濟活躍期，基本上任何人上台都無問題，『經濟好就邊個做都好，邊個當選就關佢好唔好運事囉！』

這位 X 師傅的說話真的嚇死我了，他好像忘記了有「互聯網」這樣的東西，也反映了眼光的狹隘，如果今時今日，你仍然把「金融中心」的字眼只放諸香港，那麼真的祝君好運！

香港沒有出路，也不代表香港人沒有出路。姑勿論香港的發展是否停滯不前。但今時今日的思維，真的怪不得香港人停滯不前了。

1. 不要將「金融中心」只局限於香港。

那裡有水喉 (多資金)，那裡便是「金融中心」。看看過去數年，美股市場和幣市便知道，哪裡是金融中心了。

如果你心目中的「金融中心」仍局限香港，則不要怪自己為何賺不到錢。

在缺乏中國內地的北水支持下，2021 年港股如此不濟，有谷友跟我說：這就是 (香港)「金融中心」？

因此，不要硬要劃分只在某個「金融中心」搵錢，這樣非常不利投資。放眼全世界，世界的金融中心就是，哪裡有

水喉（多資金），哪裡便是「金融中心」，2024 年後便是幣市和美股。

2. 為何一定要著眼「香港搵錢」？

如果 Mark Zuckerberg 只著眼美國開 facebook，他一定不會成為世界富豪之一。

搵錢，就要眼看世界的機會。

除此之外，Nvidia 的創辦人 Jensen Huang 本身也是土身土長的台灣人。在未來，能搵錢的人必須具有世界觀的觸覺。

過去數十年，香港實在給大家一個太安穩的環境了，香港人有點像溫室小花。現在環境稍為有一點風吹草動，便失去了方吋和方向，其實最重要的是裝備自己，終身學習。

3. 任何行業都會此起彼落，行業衰落只是八運轉九運的問題

由行姐買保險單被騙事件可以預見，金融業正在快速衰落。不過這只是轉運的問題。

九運來臨，屬於九運的事物便會興起，為何不在相關的行業發展？

我們進入了一個創作為主的時代。新的行業早已興起，我們常常在新聞報道看到的「Top Youtuber」又賺百萬便是

例子之一。

如果讀者認為不適合在 youtube 發展。早前，蘋果日報倒閉，一班記者另覓出路，只是換了跑道，在 Patreon 繼續新聞報道。

我們常常聽到的是，當上天關了一道門，便會開啟一道窗給你。

另一方面，一些已經不是很出名的財經 KOL，竟然也有 600 名收費粉絲，月入近 10 萬元計。收入可觀。

因此，筆者不明白 X 師傅如此悲觀。

4. 多學技能，你的客戶應該可以來自全世界。

不論你使用 youtube 也好，甚麼 Facebook Channel、IG 宣傳也好，將你的技能放諸全世界。

早 2 日找我看八字的，竟然是一個在美國住的華人，大家一定想不到。

記得筆者曾經看過一套卡通電影《無敵破壞王》，入面有一句對白：「在互聯網的世界，甚麼也可能發生！」

23. 即使說香港金融中心要消失，很出奇咩？

谷友說：「（香港是）國際金融中心喎？股市日日跌到這樣。」而同時間，美股那邊卻是升市。

首先，香港股票市場最大的問題是太依賴內地資金（北水），而內地也資金緊張的時候，港股自然無運行。當然，今時今日，香港仍然是一個國際金融中心，外國資金仍然可以自出自入，不過可能對很多人來說，已是不吸引的金融中心。

港股跑輸全世界

根據 2021 年 12 月底的明報報道：「過去一年美股仍然標青，但港股卻是全球最差，強積金（MPF）市場亦不例

117

外，據晨星亞洲的資料顯示，截至今年 12 月 17 日，港股基金在今年累計跌 14.79%，是表現最差的強積金基金類別。美股基金表現最佳，今年累升 21.7%。不單是今年，港股基金已連續 4 年跑輸美股基金。而且環球央行量寬以來，中港股市長期跑輸外圍，MPF 港股基金近 10 年的年化回報為 5.41%，不僅跑輸期內美股基金的 13.56%，亦較整體 MPF 平均 5.58% 略低。」

美股市場表現亮麗，不少人都會歸究於美國長期的量化寬鬆，以及美國的疫情援助救濟金，（2021 年 3 月，美國眾議院通過總統拜登提出的 1.9 兆（1.9 萬億）美元的巨額救助計劃）。美國掌控世界金融話事權，即量化寬鬆的特權，可以不斷印銀紙（美元）之時，那個市場便亮麗。世界是如此不公平，不過你還有權選擇嘛！

哪裡有世界資金流入，那裡就是國際金融中心。筆者看到一則新聞，連日本的基金都要買入美股，港股還有甚麼吸引之處？

（當然，美國美聯儲已經決定 2022 年和 2023 年加息，收回市場的熱錢，筆者當然會多加留意，小心謹慎行事。）

與此同時，筆者剛巧看到財經專欄作家的一篇文章，原來亞洲傭工輸出大國菲律賓，竟然曾是亞洲國際金融中心。於是，心裡跳出了一個問題：「即使說香港金融中心要消失，

很出奇咩？」要成就一個地靈人傑的地方出來，其實天時地利人和很重要，當其中一樣要消失，金融中心地位要消失，也是理所當然了。

林一鳴好牌打爛的國際金融中心：菲律賓

林一鳴（信報財經月刊 2022 年 1 月文章）

考考你：在上世紀六七十年代的時候，亞洲的國際金融中心在哪裡？

香港？新加坡？台灣？南韓？上海？全部都不是。在六七十年代的時候，亞洲四小龍仍以農業或輕工業為主導，香港在六十年代人均生產總值只有四百美元，處於開發中國家較低水平，根本談不上甚麼金融中心的地位；而內地就在文革時期，市場處於封閉狀態，很多人連飯也吃不飽，衣服也不夠穿。

相信答案很多人都估不到：就是今天最著名輸出「外地打工女傭」的菲律賓！

根據前財政司司長梁錦松的公開資料，他曾任花旗銀行香港區行長，亦做過美國大通銀行亞太區主席，被《財富》雜誌評為「2001 年度全球財經十大風雲人物」之一，絕對是當年金融界精英中的精英。當他畢業進入美國花旗銀行（當時稱為萬國寶通銀行）工作兩年後，曾被銀行派到外地進行金融培訓。

你猜是哪一個國家？

答案就是菲律賓了！

梁錦松在 1970 年以高考 3A1C 狀元身份考進香港大學經濟系，1973 年畢業加入美國花旗銀行香港區分行，是公司極力栽培的管理層接班人，而銀行就派他到菲律賓進行培訓。當時菲律賓是亞洲的國際金融中心，所有大型的跨國銀行，都會派遣高管進駐當地，其中以美資行最為積極，花旗銀行派他到菲律賓培訓，讓他成為精通外匯投資的高手，完成訓練後在銀行的仕途就扶搖直上，很快就成為花旗銀行的高層領導。

菲律賓在六七十年代的經濟發展，屬於全亞洲最領先地位，但為何後來卻逐漸轉差，今天最出名竟然是輸出到外地打工的菲傭？菲律賓如何將國際金融中心的好牌打爛？

香港由國際金融中心，到股市跑輸全球，筆者主要覺得香港位置太被動，加上世界科技巨擘都在美股市場上市，包括 Amazon、Apple、Meta（Facebook）、Nvidia 等，使世界的焦點都放在美股市場，香港股市始終缺乏一份艷麗。

香港人該何去何從？

即使香港日漸衰落，難以重返昔日光輝，但香港人總可

以改變自己吧。當你改變不到環境，但你可以改變你自己。因此，筆者決定不再看港股，決心研究美股市場。

不過，筆者覺得香港人最大問題是：香港人不願意改變自己。筆者認識一些菲傭、印傭，普通話都比我說得流利。

然後，筆者自知英文說得不好，但堅持在一些影片中說英文，希望可以吸引外國人觀賞。誰知道有朋友竟然問：「點解（為甚麼）你要講英文呀？」真的令筆者差點吐血。

很簡單一個事實，當你見到韓國女團 Blackpink 的團員裡，有泰國人 Lisa，（她甚至一人懂英文、韓文、普通話等），有外國長大、英文很流利的組員，就知別人跑得多前。未來的世界，只有優秀的人出頭，人家不會只記住你的國籍。

看來，當香港人只有廣東話說得好時，就是腐敗的開始。

香港人走不出去的原因，乃是因為眼裡只有自己，看不到其他人。

24. GM 教懂我的事情

早前跟玄學朋友郭立青飯聚，他是一家航運公司 (亞太區) 的 GM，長榮香港區 GM 也是他朋友。

因為他有風水生意，他跟我分享了幾件事：

1. 如果做生意，最緊要識老闆

他說他幾個風水客戶都是老闆，公司擺設和家居都找他，然後他們的員工便會找他，生意便接二連三。

而且老闆級的客戶，你跟他說：「封返封利是就得啦。」他都會封過萬，因為面子悠關。反而，街客會跟你講價。

2. 有危便有機，產品不能單一化

這幾年，雖然很多行業都危在旦夕，但航運業的業績卻相當好，公司派也派了不少 BONUS。

他說：「你不知道，平時 3000 元一個櫃，搶到 3 萬元一個。」

沙田的最新資訊

3. 香港雖然將死，但及早佈局

至於香港是航空樞紐這個地利優勢，香港正在漸漸失去，因為他說，內地很多三、四線城市，如濟洲、武漢、福洲這些地方，阿爺 (中國政府) 已補貼不少錢，包機直線將貨送去外地，不必再經香港。

即是說，香港「中介人」這個角色漸漸褪去。

不過，他說，他已及早佈局，未來將會在泰國、越南等地方成立 Office。

香港死姐，人是生架嘛，及早佈局做生意。

4. 未來買樓可選馬鞍山

因為未來 9 運要「南方靠山，北方見水」，馬鞍山正符合這個條件，而上水、天水圍等北方都有利。

25. 未來，你必須要懂的技能

　　未來的社會，你可以沒有 Degree，但筆者認為，你一定要識剪片技術。

　　不論你懂製作蛋糕也好，你是油漆佬也好，或者你是一個 KOL 也好，你都最好真的懂得影片剪輯。

　　因為筆者在做資料的搜集過程中，竟然也發現有油漆師傅，在 Youtube 教人如何油油，便獲得大量觀眾，客人更是應接不暇，要有助手出來回覆客人，回覆：「師傅最近比較忙，會一一安排。」

　　筆者也曾經在一些 Whatsapp 群組，有谷友表示自己是油漆師傅，希望有客人可以介紹，但似乎無人問津。

瞬間，筆者立即明白，即使你有才華，你都要比人看到。而不是整天坐在屋裡，望天打卦，叫人給生意你做。

Youtuber 也可以賺錢

我相信 Youtuber 也可以賺錢，這個早已經是人人皆知，甚麼大 J、教瑜珈等 Youtuber 年賺過百萬，人人都知道的事。此外，外國的 Top Youtuber 年賺過億元，真的羨煞旁人。

不過，對於新手來說，做甚麼題材，又或者如何提高瀏灠人數，似乎都是不容易由 0 開始。筆者都有製作影片，如何增加觀看量真的是一個深奧的課題，筆者建議可參考以下兩個 Youtuber，因為從一些小技巧裡，反而可以令頻道改善，增加觀眾人數。

1. Greyson Zhang

他的頻道主要教導新手如何由 0 開始做 Youtuber，從題材的擷取、如何宣傳等等都有介紹，另外，他又介紹其他成功的 Youtuber 的例子，例如 Mr Beast 為何能夠成功，成為全世界的 Top Youtuber，令你從中獲取靈感。

2. LittleBoatTan 小船

她的頻道內容會多元化一點，包括社交媒體營銷、網絡創業、跨境電商等等。雖然筆者沒有一一細看，不過從中獲得的靈感也不少，讀者可以自行參考。

當然，Youtube 上也有不少教授如何由 0 開始做一個 Youtuber，讀者可以自行 search。

筆者相信，如果你想獲得客戶，搞 Youtube 一定是未來大趨勢，所以未來你可以沒有 Degree，但一定要懂得剪片。筆者一些的 Patreon 讀者，都是因為看了 Youtube 才加入的。

26. 你應該建立比 degree 更值錢的 技能

不少人問我讀不讀 Master 好。（筆者沒有讀過 Master，不過見大律師都要轉賣保險，我心想：除了醫護、工程、IT 等專門科目需要讀上 Master 外，其他科目大可不必考慮。）

信不信，未來的社會，你要建立 10 項 8 項技能才可以在香港生存。

筆者除了玄學外，去年更去學油油、室內設計、韓文等技能，（雖然室內設計課程走堂居多。） 希望可以好好裝備自己，裝備才可以走更長遠的路。

社會在不斷淘汰沒有技能的人

我記得，大學時聽 TALK ，學校邀請了新聞王子李燦榮來擔任演說嘉賓 ，他當時說：「我可以數得出 10 種已經消失的職業。但同樣，我也可以數出，10 種新興的職業。」

我想，10 年前應該沒有 youtuber 這個職業。但現在 common 到，在外國，即使一個做 subway 的人，他只是分享工作上的事情，和客人的趣事，有過百萬個 views，就已經可以成為 top youtuber。

另外，我又記得我聽過馬雲的一段演講 VIDEO 。那個演講是他跟韓國學生說的，他說如果時光可以倒流廿幾歲時，他會去一下不同的地方，了解一下別人，然後再重返自己的地方。

因此，我的建議也是，如果我是一個 Fresh Grad，最緊要嘗試，你可以去試下不同的行業，去了解不同行業的運作模式，因為你不會知道你試的一個新職位，會帶到甚麼東西給你。

正如，如果當初我不是義務地介紹了 Cryptos 的生意給一個老闆，我也不會接到一個 marketing 的 post，我也未必會接觸到 Cryptos。

達爾文的名言：「物競天擇，適者生存。」即你要跟從

社會的變化而變化，才可以生存下去。

2x 歲和 3x 歲被裁理應最大分別是甚麼？

2x 歲被裁而驚恐，是正常的。

3x 歲被裁而驚恐，就不正常了。因為這個階段，你應該學識多種 skills。

如果你到了 3x 歲，智商、軟實力、人脈和技能都跟 2x 歲沒有分別，那麼真的你有問題了。

27.朋友的故事：叫阿女不要讀設計，做「工廠妹」？

　　之前有一個朋友，他的女兒 DSE 高考，需要大學選科。他的女兒想讀時裝設計。然後這個朋友就說：「讀這些科目，將來要做『工廠妹』，你自己想清楚。」

　　我聽完，真的要吐血。

　　我相信大家最近都有看 < 梅艷芳 > 這套電影。而她的時裝設計師劉培基，人家 11、12 歲沒有書唸，去跟裁縫師做裁縫學徒，然後自己在空餘時間學英文，之後去英國唸服裝設計。如果他沒有這樣的學習經歷，做過「工廠仔」，他之後又怎樣做到大明星的設計師？

　　「工廠仔」、「工廠妹」乃是成功前必經階段。

可能讀者反問：劉培基，都是一個罷了。

不過，我表姐也是讀服裝設計，她之後從事服裝生意，也不知道換了多少次樓。

如果她沒有讀過這科，她又怎樣懂得去選料，怎樣知道甚麼是好質地的衣服？

你要明白一顆螺絲、齒輪怎樣運轉，才可以懂得「麼打」(Motor) 怎樣運行。

因此，朋友如此的家教方式，令筆者有點吐血。如果你仍然要你的子女做小公主、小王子，那就不要期望他們成材。

我看過劉培基的訪問，他說：「香港人有一種精神，叫能屈能伸。」我真的懷疑這種精神，還有多少。

現在的社會早已不是讀 BBA 便可做李嘉誠 (況且李嘉誠也不是讀 BBA)，讀 Law 便可以做大律師的年代了。

中國人做家長很奇怪，又要「萬般皆下品，唯有讀書高。」另一方面，又愛看不起、或者奚落自己的子女。

外國人喜歡跟子女說：「I am so proud of you.」但你很少聽到中國家長跟子女說：「我為你感到驕傲。」

你要教懂子女的是要：終身學習，多學技能，擴闊視野。

筆者雖然在蘋果日報做過財經記者，但筆者並不是一入到去就擔任這個職位。

在進入蘋果日報之初，職位是財經版副刊記者。但筆者進了公司後，筆者彷彿像個雜工一般，白天做採訪的工作，但當時動新聞的影片剪輯部人手不足，筆者又被拉去做剪片，試過最遲凌晨 2 點多、3 點才離開公司，回到家已經是凌晨 4 時。

那麼，我應該也可以叫自己做「工廠妹」吧。

如此的工作模式，經歷了一段時間。不過，後來一些際遇的問題，筆者有幸正式成為財經版的財經記者。如果我在需要我剪片的時候早已放棄，後來就不會有財經記者的道路了。

即使筆者 (表面上) 學識多種技能，但最近還是報讀了一個室內設計的短期課程。因為筆者認為，如果真的想開一門新的裝修事業，即使不是落手落腳自己做，但也要對行業有一定了解吧。

年輕人往往急功近利，想一朝發達。但，筆者、以及身邊人的故事告訴我，成功前必須經過血淋淋的洗禮。

況且，如果讀者了解筆者的經歷，及再看之後的文章，大學時的選修科只是你人生的第一種技能，你需要學習第二、第三種技能才可以生存下去。

最後，以筆者親身的經歷，選取自己感興趣的科目，比起唸其他科目更好，因為你才有正能量去讀下去。

28.< 港人北上置業　慎防「雙失」> 有感

　　筆者有天看到一則新聞，關於港人北上置業被騙的真實故事。現在回想，筆者也有差點墮入陷阱的經歷。

1. 筆者媽媽在 7 年前在中山買了樓。（這個比較正常，最多都是樓價跌，30% 左右一定有。不過，因為疫情，已經幾年無回過去了。）

2. 數年前，筆者陪媽媽去橫琴睇樓。當時我只知是「商住」公寓樓，心想「有得住就得啦。」阿媽只是覺得價錢不合意，所以沒有買。現在回想起來，也算「逃過一劫」，誰也沒有想過，「商住」公寓樓竟然是不能住人吧？

　　不過筆者也覺得自己粗心大意。突然覺得內地很多事情

都是「搵老襯」，或者下次筆者都要小心一點了。

有網民跟我說過，如果要買內地樓，就一定會向內地親朋戚友查詢過才行，如果連他們也不會買的樓，我們香港人一定會白白送上門做老襯了！

另外，筆者記得以前有位從事房地產公司的人跟筆者說。「你記住，買樓要 Location，Location，Location」。突然覺得，有一份格外的意思。

以下是有關報道：

東方日報 B1：港人北上置業　慎防「雙失」

近年港人掀起「賣樓移民潮」，選擇北望神州的大有人在，尤其粵港澳大灣區的發展機遇較香港吸引。然而，中港兩地法律基礎始終有別，港人在大灣區置業仍要警惕留神合約細節，以免誤墮「禁區」欲哭無淚，今次買家血淚史就陷入「有樓無得住、又無租收」的「雙失」困局。

【個案一：購珠海保稅區「公寓」 收樓始知屬寫字樓】

自從港珠澳大橋開通後，毗鄰澳門的珠海成為不少港人北上買樓的熱門之選，加上早年住宅限購政策仍未放寬，以致港人普遍掃入不受「辣招」影響、商住兩用的「公寓」，沒料頻頻出事。約 2 至 3 年前分別買入珠海「公寓」物業的多位市民，除了面臨遲遲未能收樓的問題，更驚覺物業原來

是「辦公」用途的寫字樓,無法用作住宅,而且物業位處中國海關總署監管區內,居住限制多多,買家大呻中伏。

　　移居海外多年的市民盧先生向本報投訴指,他於 2019 年經本港中介康華地產,斥 200 多萬元人民幣(下同)購入珠海保稅區富力優派廣場的一個「公寓」單位,發展商以疫情為由,把交樓日期由原來的 2020 年 4 月,延至去年 6 月。直至去年 11 月左右,富力有關銷售人員告知盧氏可收樓,惟受託人前往當地收樓時,發現單位未有按照合同裝修,亦發現原來該單位屬寫字樓。

　　盧提供的認購書顯示,該商品房用途為「公寓」,裝修標準為「精裝修」,建築面積為 102.18 方米,樓款總額接近 220 萬元。項目出賣方則為「珠海保稅區蔡氏倉儲發展有限公司」,為富力地產(02777)旗下間接持股 75% 的公司。不過,珠海市商品房預(銷)售專網顯示,盧所購的物業用途為「辦公」。

　　盧氏憶述,前往珠海睇樓時,富力優派廣場有幾幢建築已經建成,有些甚至可以「隨時交樓」。當地銷售人員介紹樓盤屬於「公寓」,可居住、出租甚至代租,示範單位有雪櫃、爐頭及床等家具。不過,銷售人員及代理有關樓盤的中介在過程中,從未向他告知該物業所在地皮的確切用途。

　　據盧氏補充,發展商之後又向他提供多份合約,包括要

求盧氏授權一家民宿公司代發展商裝修單位，但盧須在委託期內允許民宿公司將該單位出租，並要求簽下保密協議。由於盧氏認為合約條款「很古怪」，未有簽下。

富力地產公關表示不作回應。而涉事中介康華地產回覆本報查詢時指，客戶落實購買時，均直接與發展商簽訂合約，並通過發展商所指定的律師事務所辦理手續。有關該物業的資訊，公司和客戶所接收到的全部內容也是由發展商提供；就盧氏的情況，公司一直致力協助買家與發展商溝通，同時亦正與法律團隊商議，盡快尋求解決方案。

「... 普通香港人點會明白咩係保稅區？」同樣買下珠海保稅區「公寓」樓盤的伍太抱怨，她在 2018 年 8 月左右斥資約 130 萬元買入位於斯越雲谷科技中心一號樓的單位，打算退休後自住。

當時發展商銷售人員聲稱是「商住兩用」的物業，就連示範單位也是以住宅形式的裝修，「冇人講過係純辦公室，如果知道係辦公室 ... 我唔可能買！」

伍太買下的樓盤原定在 2020 年 12 月收樓，但她形容發展商以疫情為由使出「拖字訣」，直到今年初才獲答覆將延至 9 月交樓，但最終能否收樓，她抱懷疑態度。

自 2019 年底開始，陸續出現珠海保稅區買「公寓」變「辦公」的同類型糾紛。據內媒報道，涉事樓盤還包括泰禾

中央廣場等。當局最終要發通知，澄清保稅區海關監管範圍內僅設置保稅區行政管理機構和企業，除安全保衞人員外，其他人員不得在保稅區內居住。珠海市不動產登記中心亦在去年再提醒買家在購買房產前，務必核實房地產的用地性質。

中原地產大灣區項目策劃及銷售總監羅漢民表示，全國「公寓」都有類似問題，並非只是珠海獨有。珠海保稅區情況較為特別，原因是該區屬於特惠稅務區域，受海關規管，本身成立目的是希望一些物流公司進駐，而非作住宅用途。

至於當局如何規管買家使用該物業亦存在灰色地帶，羅建議，若買家認為發展商銷售手法出現問題，市民可通過地產代理，或直接與發展商協商，鑑於內地法規亦成熟，可向有關部門追討。

【個案二：與酒店簽包租合約　18個月無錢落過袋】

在珠海買樓「中招」的港人，還有一對中年夫婦。吳先生及吳太太在 2018 年 8 月斥逾百萬元，以為投資一項位於珠海保稅區內的一個「公寓」單位「執到寶」，由於發展商聲稱該單位將交由一家品牌酒店進行管理營運，以及每年有極高的保底回報，詎料這份「返租」（包租）協議生效 18 個月以來，租金仍然未能取回分毫，夫婦二人對大灣區樓的

投資夢碎。

吳太向本報表示，其於 2018 年買入一項位於珠海保稅區內富力優派廣場的「公寓」單位，同時在售樓處人員協助下，與一家酒店營運公司簽訂一份委託經營合同，簡單而言是把她所購公寓與酒店「返租」方案綑綁。

據吳太提供的資料顯示，該份理應由 2020 年 1 月生效、並長達 12 年的「返租」合同列明，「返租」收益在第 16 個月、亦即 2021 年 4 月才開始。據合約，月租由第二年起計為每方米 60 元，每年遞增 5%。按吳所購單位建築面積近 42 方米、樓款總額約 102.24 萬元推算，首年租金回報為 2.25 萬元，到第 6 年的租金回報為 3.65 萬元或 3.57 厘。其時吳太更同意額外支付酒店營運公司補貼費 5.86 萬元。

不過，酒店在足足 15 個月免租期後，不但未按合約支付吳任何租金，還以保稅區無法住人而要求解除合約。涉事的酒店營運公司、即「廣東十方亦恒酒店管理有限公司」在去年 6 月透過微信向吳氏發出一份通知函，指疫情拖累「酒店基本處於無收入狀態」，更稱「保稅區無法住人」、公司「多次協調但至今無法解決該問題，酒店無法正常經營」，遂要求解約並改以「長租公寓」方式出租。

讓吳氏大感貨不對辦的，是發展商在售樓時，聲稱有關樓盤是「公寓」、「可住人」，過程中所有「返租」的手續

都由發展商一併辦理，惟酒店公司指「保稅區無法住人」，與發展商的說法及相關廣告有矛盾。吳提供的一份認購書列明，該單位用途為「公寓」。夫婦二人憶述在 2018 年 9 月再打算簽下正式買賣合同時，發現字眼已變成「辦公」，惟富力銷售人員力陳物業「沒有問題」、「可居住」。

富力旗下「珠海保稅區蔡氏倉儲發展有限公司」在一份由吳氏提供、回覆珠海市橫琴新區生態環境和建設局的文件中反駁，該企「在銷售現場已公示的優派廣場項目相關預售證、規劃許可文件，及網簽買賣合同等文件，前述文件均明確公示物業用途為辦公」，至於「業主自行委託第三方酒管公司對其房屋進行管理，並非我司進行委託，第三方酒管公司的違約行為與我司無關。」

據中國執行信息公開網，涉事的酒店營運公司已被列作「失信被執行人」，理由是「有履行能力而拒不履行生效法律文書確定義務」，立案時間為去年 9 月 9 日。

附錄：台海危機（黃康禧）

　　近幾年中美就著台灣問題已經糾纏很久，而比較令大家關住的是台海戰爭會否成事實，或者會何時開始？在 2019 年的 12 月 21 日（冬至），木星與土星進行 0 度交會，標誌著從那天起天運便進入下元九運；九在洛書數中居後天離卦，五行屬火，離中虛，有外熱內冷、華而不實、消耗、美麗、戰爭、分離、火災之意等；在庚子年開始，全球都模式都偏向離卦之象而行，因此在九運的未來 20 年中，世界各地會有大大小小的戰火或爆動出現。

　　先以「台海戰爭」這四字轉卦象看：

變 卦	互 卦	本 卦	
震 木	坎 水	坤 土	用
坤 土	艮 土	坤 土	體
雷地豫	水山蹇	坤為地	

體卦	用卦	互卦	互卦	變卦
坤	坤	坎	艮	震
土	土	水	土	木
**	比和	平	比和	凶

　　在梅花易數中，本卦為坤為地，有柔順平和之意，主客皆為同一五行之氣，因此在目前為止，不論中美、中台還是台美都是一氣之出，犯不著任何開戰行動，最多都只不過是互相耍小朋友罵戰。而在此圖中我們有些地方要留意的是，互卦是水山蹇卦，為四大難卦之一，有困難重重、進退兩難；而這互卦是由變卦而來，而變卦中客方中土轉木剋主方；因此這意味著這一場戰爭主方一直想處於柔和態度來處理，奈何客方「一個屈尾十」發生震動（震卦）後咬主方，令整件事情陷入僵局。而客方何時發作？一切都在木旺之年，即寅卯二年或甲乙二年。

作　　　　者	|	王小琛
書　　　　名	|	美股 CRYPTOS 通勝
出　　　　版	|	超媒體出版有限公司
地　　　　址	|	荃灣柴灣角街 34-36 號萬達來工業中心 21 樓 02 室
出版計劃查詢	|	（852）3596 4296
電　　　　郵	|	info@easy-publish.org
網　　　　址	|	http://www.easy-publish.org
香 港 總 經 銷	|	聯合新零售（香港）有限公司
出 版 日 期	|	2022 年 4 月
圖 書 分 類	|	金融財務
國 際 書 號	|	978-988-8778-69-0
定　　　　價	|	HK$138

Printed and Published in Hong Kong

如發現本書有釘裝錯漏問題，請攜同書刊親臨本公司服務部更換。